FRENCH
WALKABLE
CITY

フランスのウォーカブルシティ

歩きたくなる都市のデザイン

ヴァンソン藤井由実　VINCENT-FUJII Yumi

学芸出版社

2

歩行者専用空間に転用された、パリのセーヌ河畔道路
(©Olivier DJIANN)

パリのリヴォリ通りの自転車とバス専用レーンを走るキックボード。2023 年 9 月より
パリではシェアリング利用は禁止されるが、個人利用は可能（©Olivier DJIANN）

パリのシャンゼリゼ通りの歩行者天国（©anouchka）

上：エッフェル塔付近をグリーン化するプロジェクト OnE1（©Gustafson Porter+Bowman）
左頁上：パリで急増する自転車利用（©Olivier DJIANN）
左頁下：パリ 12 区の小学校前道路の活用例。生徒が下校する 16 時から、学校前の道路に移動式図書館が設けられテーブルと椅子が並ぶ

車道を地下に通して創出した、アンジェのメンヌ川南側の河畔公園（©ALTER）

9

10

スマートシティに取り組むディジョンの中心市街地。街路樹が植えられた広場や大通りに車は進入できない（©Dijon Métropole）

LRTと歩行者が行き交うストラスブールの中心部（©Communauté urbaine de Strasbourg）

ストラスブールの歩行者や自転車、LRT が走る橋（©Philippe. Stirnweiss）

上：マルセイユ旧港の鏡天井がある歩行者専用空間。鏡天井の南側に港、北側にバス専用レーンと車道 2 車線を残した（©Meinzahn）
下：マルセイユの中心市街地のトランジットモール（©chameleonseye）

上：ニースの中心市街地のトランジットモール。LRT線路上には、馬上の警察官、キックボード、歩行者が行き交う。歩道の両横には商業店舗が並ぶ
下：ニースのマセナ広場を彩るアート作品「シッティング・タトゥー」（©Ville de Nice）

上：造船所跡地が再開発されて 15 分都市エリアになった、ナントの中ノ島（©saiko3p）
下：ナントの中ノ島で開催された、市民を集めたワークショップ（©V. JACQUES/SAMOA）

はじめに

２０１１年に書いた『ストラスブールのまちづくり』で、「ゆっくりと静かに歩ける街の繁華街、人と人が触れ合う教会と広場を中心とした街並み、静かな時間、欧州の地方都市のそれぞれがかつて持っていた本来の街としての機能と賑わいが、公共交通導入とともに取り戻されたと言える」とストラスブールを語った。それから約10年。フランス中の人口10万人以上の多くの都市で、中心市街地が歩行者専用空間になり、ウォーカブルな都市づくりが実践されてきた。

なぜフランスでは、このようにウォーカブルな都市づくりがスピーディに実現できるのか。

本書では、この問いかけに答えるために、自動車交通を抑制し、道路空間の再配分を行い、公共交通の充実を図ってきたフランスのウォーカブルな都市空間の再編について紹介する（図１）。

コロナ禍の都市封鎖を経て、人々は必然的に居住する都市環境に目を向けるようになり、「暮らしやすい街」とはどんな街なのかを考えるようになった。欧州では、リモートワークがコスト削減の点からも検討され、就業地と居住地の関係や地方移住を含めた居住地選択が見直されるようになった。そして今、人々は街中へ外出できるようになり、街は生き生きと躍動している。

筆者はちょうどロックダウンが続いた２０１９～21年はミラノにおり、２０２２年にフランスに戻った。コロナ禍の3年の間に、フランスの各都市がさまざまな都市空間の再編や公共交通の改善

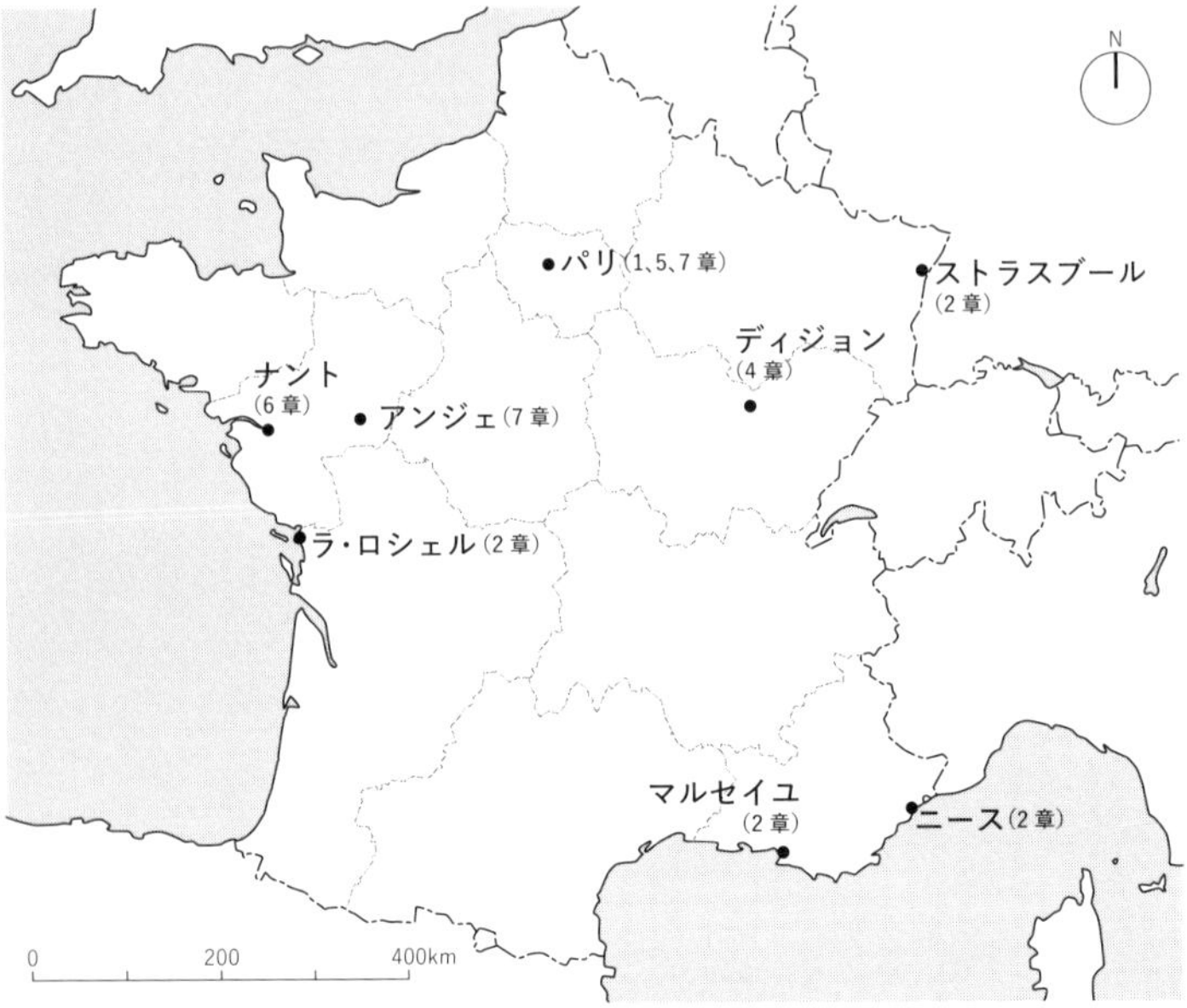

図1　本書で紹介する都市（メインで紹介する章）

をダイナミックに実行し、変遷を遂げていたことに驚いた。むしろコロナ禍で車の交通量が減少した機を捉えて思い切った都市政策を進めている。パリをはじめとする、その大胆な姿を本書で伝えたい。

各章では、ウォーカブルシティの方法論だけでなく、なぜそのような街をつくりたいとフランス人が考えたのか、その政治的・社会的・財政的・歴史的な背景を読者と共有することを試みた。都市政策の実行者に一貫したビジョンや情熱がなければ、現状を変えることは難しい。そうしたフランス人の心意気やビジョンにも迫ったつもりだ。

気候変動、パンデミック、DX革

写真１　市内全域で車の制限速度を時速 30 ㎞に設定したパリで急激に増加する自転車利用者

命、戦争がもたらすエネルギー危機、移民の受け入れ、人口の高齢化と、この10年の間に欧州に起こった変化によって、人々は決して明るい豊潤な社会に向かっているとは感じていないだろう。それでも欧州の都市を訪れると、以前と変わらぬ豊かな歴史と深い文化に裏打ちされた街の佇まいが迎えてくれて、少なくとも街を歩いている人たち、カフェやレストランでおしゃべりをしている人たちはその瞬間を楽しんでいるように見える。

フランスの街では、都市部でも農村部でも中心部の広場には、必ず歩行者専用空間が整備されている。車のエンジン音の代わりに人々のささやき声と足音が聞こえ、静かだが賑わっている「居心地のよい都市空間」が見られる。本書でパリをはじめとしてフランスの各都市が取り組んできた歩いて楽しい都市づくりの実践を可能にした法制度、人材・組織体制、ステークホルダーとの合意形成といったしくみについて、以下の8章構成でまとめた。

1章では、道路空間の再配分のスピードが最も速いと筆者が感じる、パリのポストコロナの姿を紹介する。パリでは、自宅から1㎞以内しか移動できないというロックダウンを経て、15分都市構想を基本とした歩行者優先の都市づくりを進めている（写真1）。

2章では、フランスの自治体が道路空間の再配分において、自動車交通を規制しながら、どのように自動車とウォーカブルな空間を共存させたかその具体的な方法論を、ストラスブール、マルセイユ、ニース、ラ・ロシェル等の事例を交えて示した。そして、なぜ歩行者を優先した都市が実現できるのか、その全体像を整理し社会的背景も考察した。

3章では、ウォーカブルな都市づくりを実施するうえで必要不可欠な公共交通が、なぜフランスではコロナ禍に危機的状況に陥らなかったのかを読み解く。国の法整備と財政支援が過去30年間に、交通施策を包括した都市計画を誘導してきた経緯も示した。２０１９年12月に制定されたモビリティ基本法で提示された、エコロジカルなモビリティへの移行についても説明する。

4章では、地方都市ディジョンにおけるスマートシティの展開を詳しく紹介する。民間企業による商業戦略の一環としてではなく、自治体が主導するスマートシティの目的は、市民への貢献と都市マネジメントの効率化である。自治体とコンソーシアムの協働によるスマートシティ実装のモデルを分析し、個人データの保護についても言及する。

5章では、なぜフランスでは都市政策をダイナミックに実装できるのかを、行政の構造、首長・

議会・行政の役割等から考察し、１７００人の職員を擁するパリ市の街路・移動部の活動も交えて紹介する。地方自治体における財源の自立性、人材のダイバーシティ、税の再配分に見る連帯の精神などにも触れる。

６章では、「計画なくして開発なし」と言われるフランスの都市計画マスタープランと整合した都市開発のプロセスを整理した。マスターアーバニストが際立った存在感を見せるナント市を事例に、30年以上かけて自治体主導で実施されてきた産業遺産地区の再開発を紹介する。

７章では、都市づくりに関わる多様なステークホルダーを参加させる合意形成の特徴とプロセスについてまとめた。アンジェ市における駐車場の歩行者空間転用に際してのコンセルタシオン（事前協議）を事例に、筆者も参加したパブリックミーティングや公聴会を通して、首長や行政、建築家等がいかに市民を巻き込んで丁寧に都市づくりを行っているかを示す。

終章では、近年、フランスの自治体で頻繁に使われるようになった「穏やかになった街」はどのように実現されてきたのか、その背景にあるフランスの人々の発想の変遷について考察した。

本書で紹介するフランスに関する統計数字は、フランス国立統計経済研究所★（ＩＮＳＥＥ）の公表資料からの引用である。より深い調査や研究を望まれる方のために、主だった固有名詞（★印をつけた用語）の原語を巻末にまとめた。文中で金額を表記する際は１ユーロ＝１４０円として換算した金額も併記した。文中の数字は特別な記載がない限りは本書執筆時の２０２２年のものである。

それではBonne Lecture（良い読書を）！

FRENCH
WALKABLE
CITY

目次

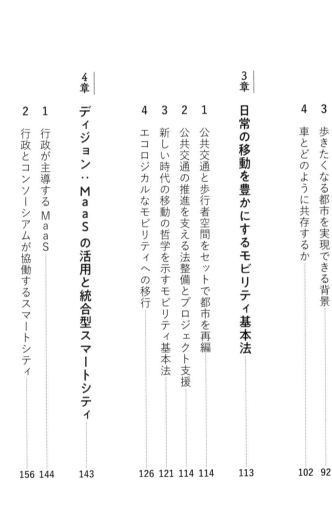

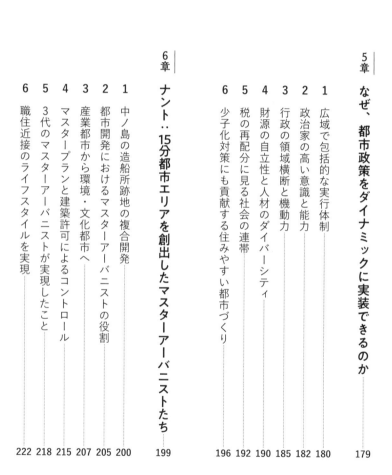

本書の特記のない図版クレジット：ヴァンソン藤井由実

扉写真クレジット
p.1　：©Olivier DJIANN
p.27　：©jacquesvandinteren
p.71　：©VINCENT-FUJII Yumi
p.113：©ladi59
p.143：©PJPhoto69
p.179：©olrat
p.199：©olrat
p.225：©Angers Loire Métropole
p.255：©Ville de Charleville Mézière

FRENCH WALKABLE CITY

1章

パリ：ウォーカブルシティの最前線

1 ロックダウンで再認識された歩行中心の都市環境

2020年世界を覆ったコロナ禍において、欧州では最初にイタリアがロックダウンを始めて以降、人々の暮らし方が大きく変化した。同年3月から5月までのロックダウンは日本では想像できないくらいの完全な都市封鎖に近く、オフィスや商業施設から人の姿が消えた。フランスでは同年4月から6月のロックダウン中に、就労者の7割が自宅待機あるいはリモートワークを経験した。その期間の移動は、自宅から半径1km、徒歩で約15分以内のエリアに制限された。コロナが落ち着いた2022年以降は、出勤とリモートワークのハイブリッド型の勤務形態も珍しくはなく、人々は自宅から歩いて行ける範囲にどんな都市施設や機能があるのか居住環境に改めて関心を持つようになった。

2 世界とフランスの15分都市

そこで今、理想的な居住環境の一つとして「15分都市」が世界的に注目されている。歩いて15分、あるいは自転車で5分の圏内で暮らせる、徒歩移動を中心とした生活環境を指す。フランスでは現在、全人口の23%が人口2千人以下のコミューン（フランスの最小行政単位）と呼ばれる小さな自治体に住んでいる。15分都市構想では、大都市をそういったコミューンの人的交流があるコミュニティの集合体として捉え、行政機能や商業施設を拠点化してゆく。

15分都市構想は、フランス国内ではパリ、ナント、ディジョン、ミュールーズ、欧州ではエジンバラ、ユトレヒト、コペンハーゲン、ミラノ、欧州以外ではオタワやメルボルン、上海などが採用している。アメリカのポートランドでは、すでに2000年後半に「20分都市（20minutes neighbourhoods）」を掲げ、2030年までに住民の90%が徒歩または自転車で基本的な日常生活を送れる都市をつくることを宣言している。15分都市にはさまざまなバリエーションがあるが、共通点は車を必要としない生活である。この考えは、世界大都市気候先導グループC40（C40 Cities Climate Leadership Group）の、「環境にやさしく公平な社会を取り戻すプログラム」にも取り入れられている。

15分都市構想は、都市の中心市街地に公共交通を導入して、ウォーカブルな都心を構築してきたフランスのまちづくりの延長とも考えられる。フランスでは、2016年、都市計画家でパリ大学教授のカルロス・モレノ博士★が15分都市を「環境、経済活動、社会生活の均衡がとれた、活気のある、生活しやすい都市空間」と定義し、その構想をアンヌ・イダルゴ★現市長が2020年のパリ市長選挙でキャンペーンに利用した（図1）。イダルゴ氏は、前述のC40において2016年から2019年まで議長を務めていた人物でもある。モレノ氏は、「15分都市構想の発想の原点は、モビリティである。現代の都市生活では移動に長い時間を費やしているが、その時間をより効果的に

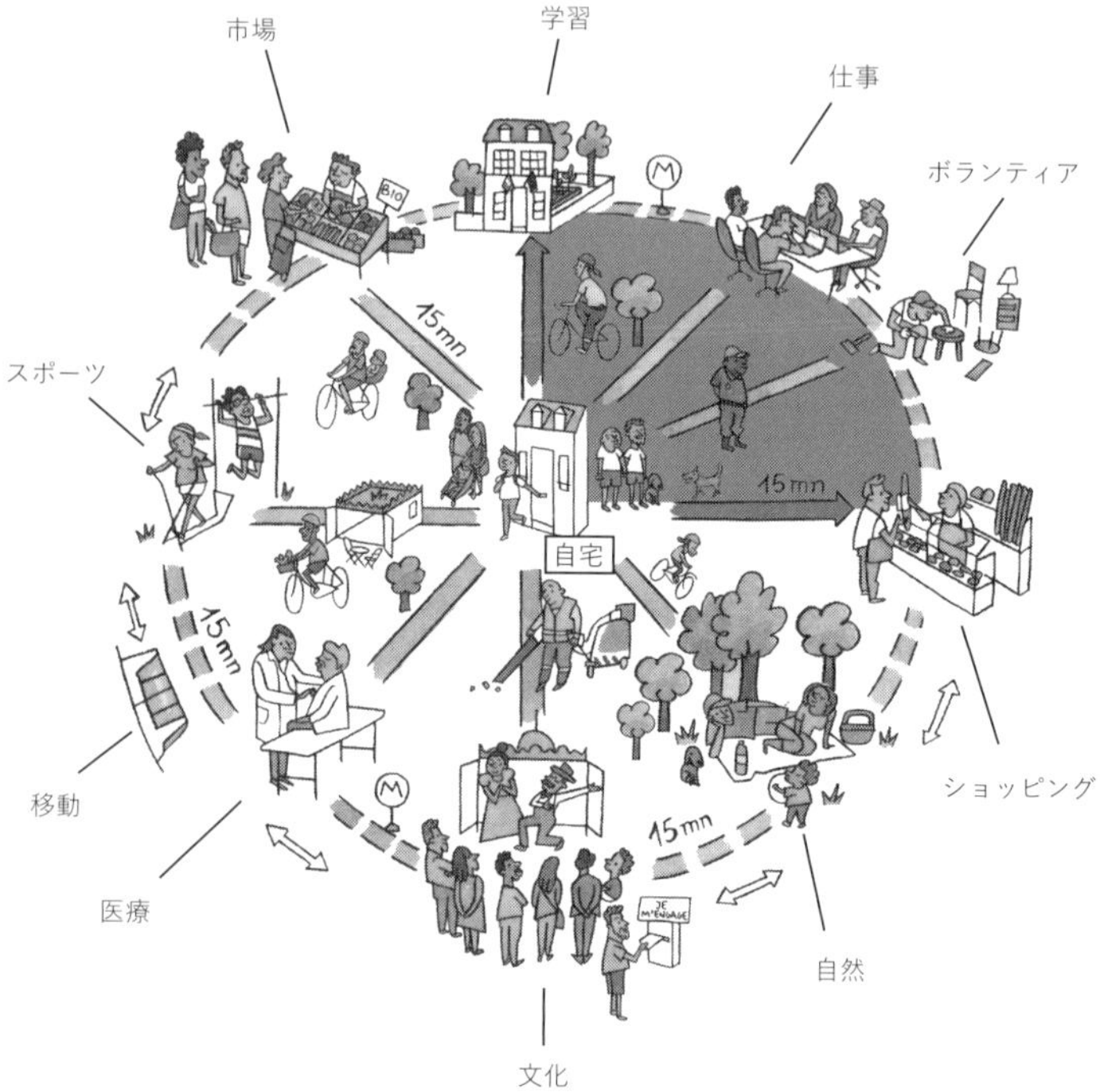

図1　15分都市のイメージ図。必要な都市機能（住居・職場・買い物・娯楽・運動・学び）が15分圏内に存在する（出典：©Micael(micaeldessin.com)の図に筆者加筆）

図2　15分都市構想における道路空間の再配分。上が再配分前、下が再配分後
（出典：©Nicolas Bascop）

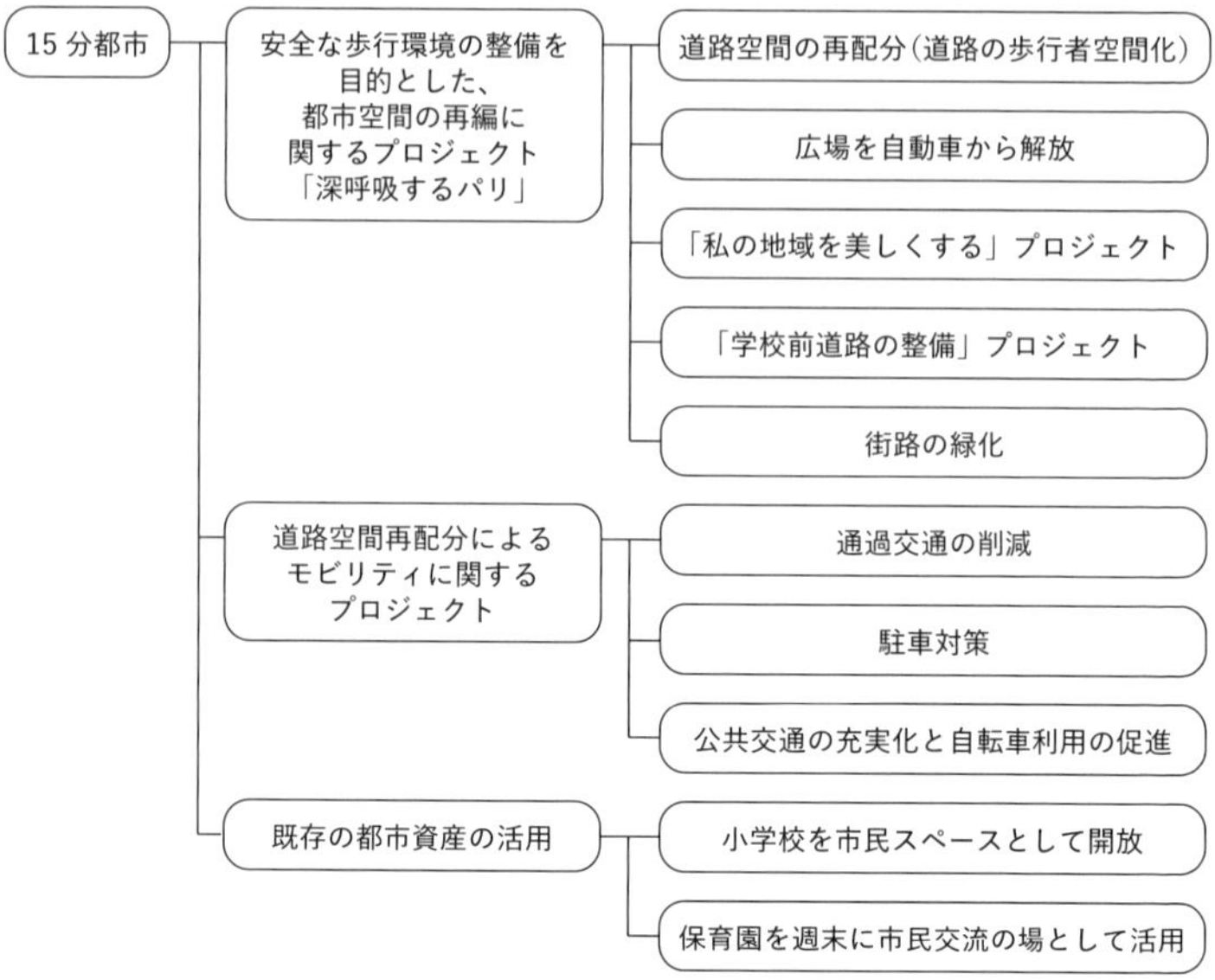

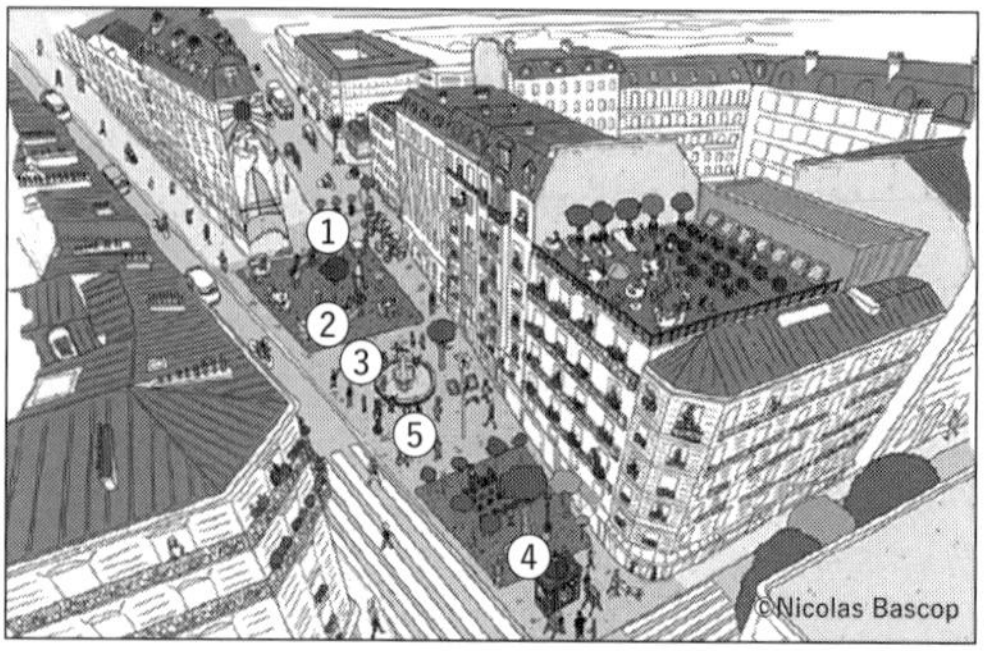

①市民の憩いの場となる交差点
②市民の集いの場
③児童公園
④共同家庭菜園
⑤リフレッシュエリア

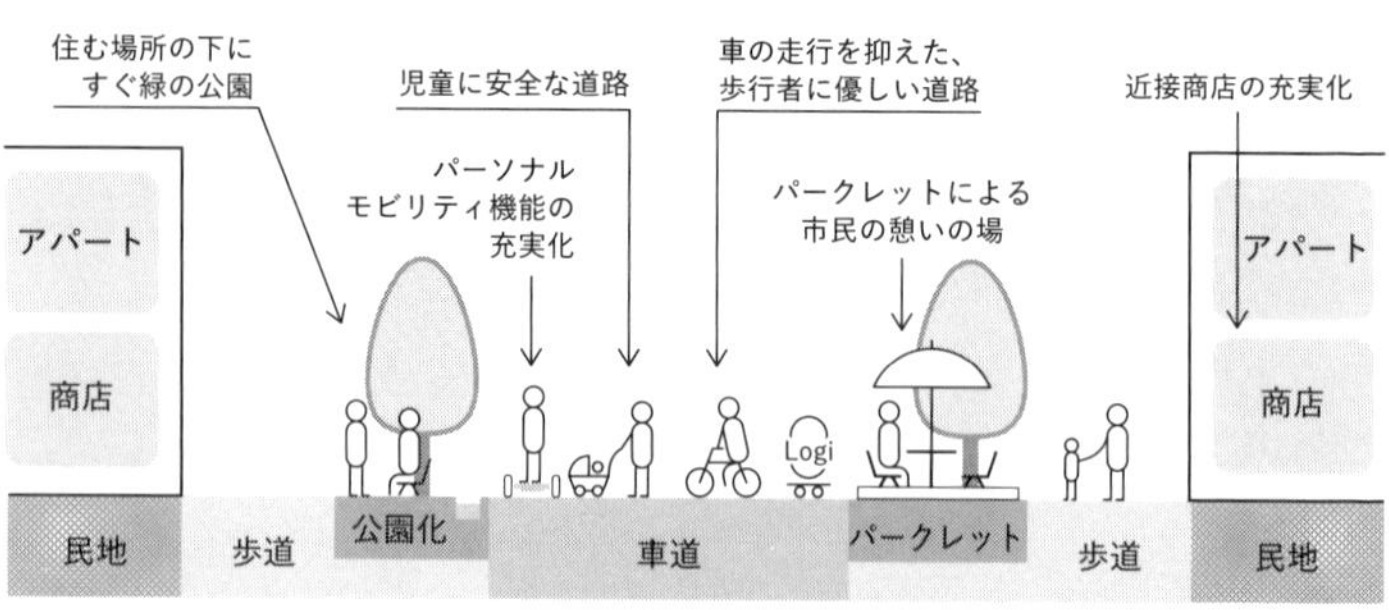

写真 1　パリ左岸のヴォルテール川岸通りに見る道路空間の再編。広い歩行者空間、自転車とマイクロモビリティ常設専用道路、バス専用レーン、車道と路上駐車スペース

右頁：図 3　パリ市の 15 分都市構想とその施策
（出典：『パブリックスペース活用事典』2023 年 6 月刊行予定、断面図作成：宋俊煥）

マネジメントしてもっと生活を豊かにできないか、という観点から都市計画を考えている」と述べている。モビリティが一つのキーワードだ。

この考えが一層現実味を帯びたのが、半径1km以内の移動に制限されたロックダウン期間であった。15分都市構想のメリットとして、日常生活における移動時間の減少で、個人の自由な時間が増え、より豊かな日常生活を送ることができる。また身近な住環境を充実させ、環境にも配慮した都市空間の再編を通じて、持続可能なまちづくりを推進できる。

構想実現のための具体的な施策としては、安全な歩行環境の整備を目的とした都市空間の再編、道路空間の再配分を通したモビリティ手段の見直し（図2）、生活に必要な公共サービス機能や商業施設の拠点化、既存の都市資産（学校などの公共施設）を住民のコミュニティ活動（スポーツ、文化など）の場として活用することなどをパリ市は発表している（図3）。図2のスケッチは市長選挙のキャンペーンに利用されたものだが、単なるキャンペーンのプロモーションではなく、2022年現在、パリ市内にはこれを実現した主幹道路も見られるようになった（写真1）。その新しいパリのまちづくりの動きを捉えたい。[*1]

3 パリのウォーカブルな都市再編

プロムナード・プランテ：ハイラインの手本になった鉄道跡地活用

パリ（人口２２４万人、パリ首都圏１２２１万人、パリ市役所２０２１年発表による）では15分都市構想以前から、歩ける都市空間への再編が進んでいた。２００９年に完成したニューヨークの元高架鉄道跡を活用したハイラインは有名だが、パリでも元フランス鉄道のインフラ跡地を利用した公園が中心部につくられた。

１８５９年以来、バスティーユ広場とパリ東の環状線道路に隣接した自治体ラ・ヴァレンヌ・サン・ティレール★を結んでいた鉄道が１９６９年に廃止された。その跡地に、フィリップ・マチュ★とジャック・ヴェルジェリ★のデザインで、線路周辺の植生とより現代的な景観デザインを組み合わせた線形公園が１９８８年に整備された。１９８９年には、パリ市も跡地の大規模な修復工事を行い、高架遊歩道（１・２km）の下に71のアーケードを復元した。以前は、主に家具業者の倉庫として使われていたが、現在は洒落たアトリエ・ブティックが並び、「芸術の高架橋★」と呼ばれている（写真２）。跡地公園全体は完全に歩行者専用になり、バスティーユ広場からヴァンセンヌの森まで、高架橋から歩道橋、トンネルから塹壕跡の中まで通れるユニークなウォーキングコースとなっている。ニューヨークのハイラインは全長２・３kmでビル群の間を抜けるが、パリの５・８kmに及ぶこのコースは「プロムナード・プランテ（植栽した散歩道）」あるいは「クレーヴェルト（緑の流れ）」と名づけられ、その名称にふさわしく、四季の花々が咲き誇る緑豊かなプロムナードである（写真３）。

上：写真2　芸術の高架橋。線形公園の下にはアトリエ・ブティックが入居する
（出典：©Sophie Robichon/Ville de Paris）

下：写真3　プロムナード・プランテの一部には鉄道線路がまだ残っている

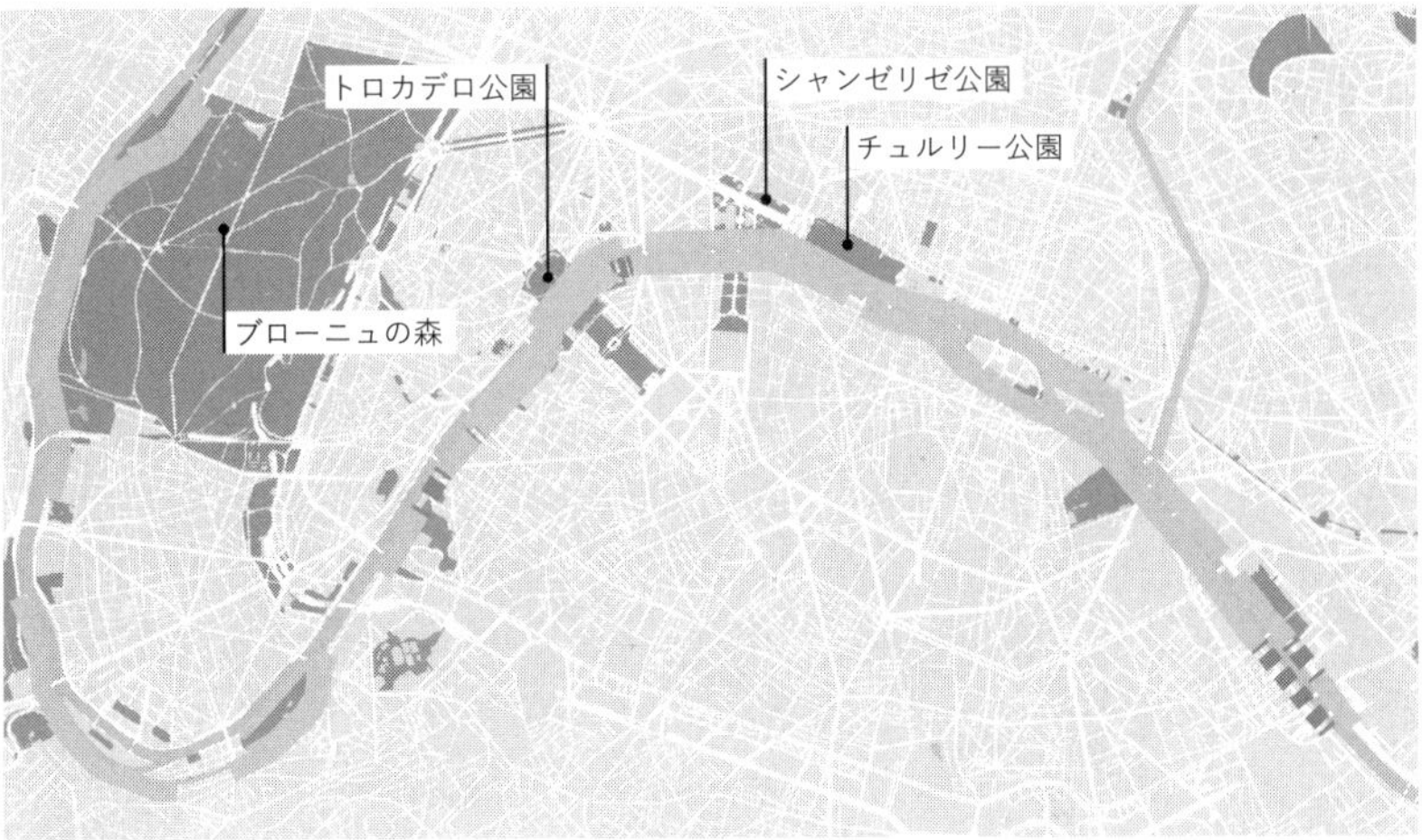

図4　約10年をかけて歩行者空間として整備されたセーヌ河畔の合計7㎞の散策コース（川沿いのグレー部分、2020年）（出典：©Atelier parisien d'urbanisme（APUR）の図に筆者加筆）

パリ・ビーチ：タクティカル・アーバニズムの先駆的事例

15分都市構想以前にパリで取り組まれてきた歩行者空間整備の代表事例として、パリ・ビーチを紹介する。セーヌ川の河畔にあるパリを東西に走る主幹道路のうち、右岸で3・3㎞が、左岸で2・3㎞が歩行者空間に転用された（図4）。

セーヌ河畔道路の右岸側の一部は、1995年から、毎年夏の間だけ「パリ・ビーチ」と名づけられた歩行者空間に転用されてきた。ローコストで暫定的なインフラを整備しながら、状況に応じて人や車の動線を適応させ、都市環境を改善する試みである「タクティカル・アーバニズム（戦術的都市計画）」の代表的な実施例であった。2014年には、それまで13年間パリ市の副市長を務めたイダルゴ氏が市長に選ばれ、

写真４　パリ・ビーチ左岸の変遷（出典：上／©Patricia Pelloux/APUR、下／©David Boureau/APUR）

左頁：写真５　パリ・ビーチ右岸の変遷。上：1971 年、ポンピドー大統領の発言「都市は車に適応しなければならない」。中：1995 ～ 2002 年、日曜日のみ実施。下：2002 ～ 16 年、８月のみ実施（出典：©APUR）

2016年からは年間を通して「パリ・ビーチ」は歩行者空間に転用された（2頁写真、写真4、5）。

道路空間の再編とパリ警視庁

パリの主幹道路の歩行者空間への転用は決して簡単に実現したわけではない。パリ市の公共空間再編・交通・モビリティ・街路法担当の副市長、ダヴィッド・ベリアール氏★（写真6）によると、パリ市は環境保全と安全な歩行環境の整備を目的として、一連の道路の歩行者空間の転用を進めているが、それは市民との合意形成（7章参照）が必須であり、「絶え間ない議会における論争とパリ警視庁との戦い」でもあるそうだ。[*2]

写真6　公共空間再編・交通・モビリティ・街路法担当のパリ副市長ダヴィッド・ベリアール氏
（出典：©Jean-Nicholas Guillo/Ville de Paris）

フランスでは、公道は自治体の首長（警察のトップでもある）の管轄下にあるが、パリは例外で、市長は警察権限を持たない。パリ市ではパリ警視庁が内務大臣の権限のもと、パリを中心とするイル・ド・フランス州の治安システム全体を管轄している。2014年の「地域公共活動の近代化とメトロポール法（loi n°2014-58 du 27 janvier 2014 de modernisation de l'action publique territoriale et d'affirmation des métrpoles）」による改定で、パリ市内の大多数の道路はパリ市の管轄下になったが、交通量の多いグランブールヴァール（Grand Boulevard）と呼ばれる大通りの転用にはパリ警視庁の意見徴収が必要、在外大使館や官庁など重要な公共施設がある道路の転用にはパリ警視庁の許可が必要、とされた。しかし、「我々は車を減らし、街路で歩行者を優先するプログラムを掲げて選挙で市民から選ばれた。パリ警視庁は選挙で市民に選ばれたわけではない」とはっきりと言い切るベリアール副市長は、道路空間再編のプログラムを進める覚悟を見せている。

4 イダルゴ市長による「深呼吸するパリ」プラン

２０１４年にパリ市長に就任したイダルゴ氏は、「深呼吸するパリ（Paris respire）」プランを打ち出し、複数の道路空間の再配分事業が並行して進められた。その目的は安全な歩行環境の整備で、ベリアール副市長によると、「歩行者、自転車、子供、高齢者など、最も弱い立場にある人々にとって、道路をより安全なものにしたい」という意思を反映している。歩行者空間整備を目的として、「広場を自動車から解放する」「学校前道路の整備」「私の地域を美しくする」「街路を緑化する」などのプロジェクトが、パリ中で同時に実行されている。

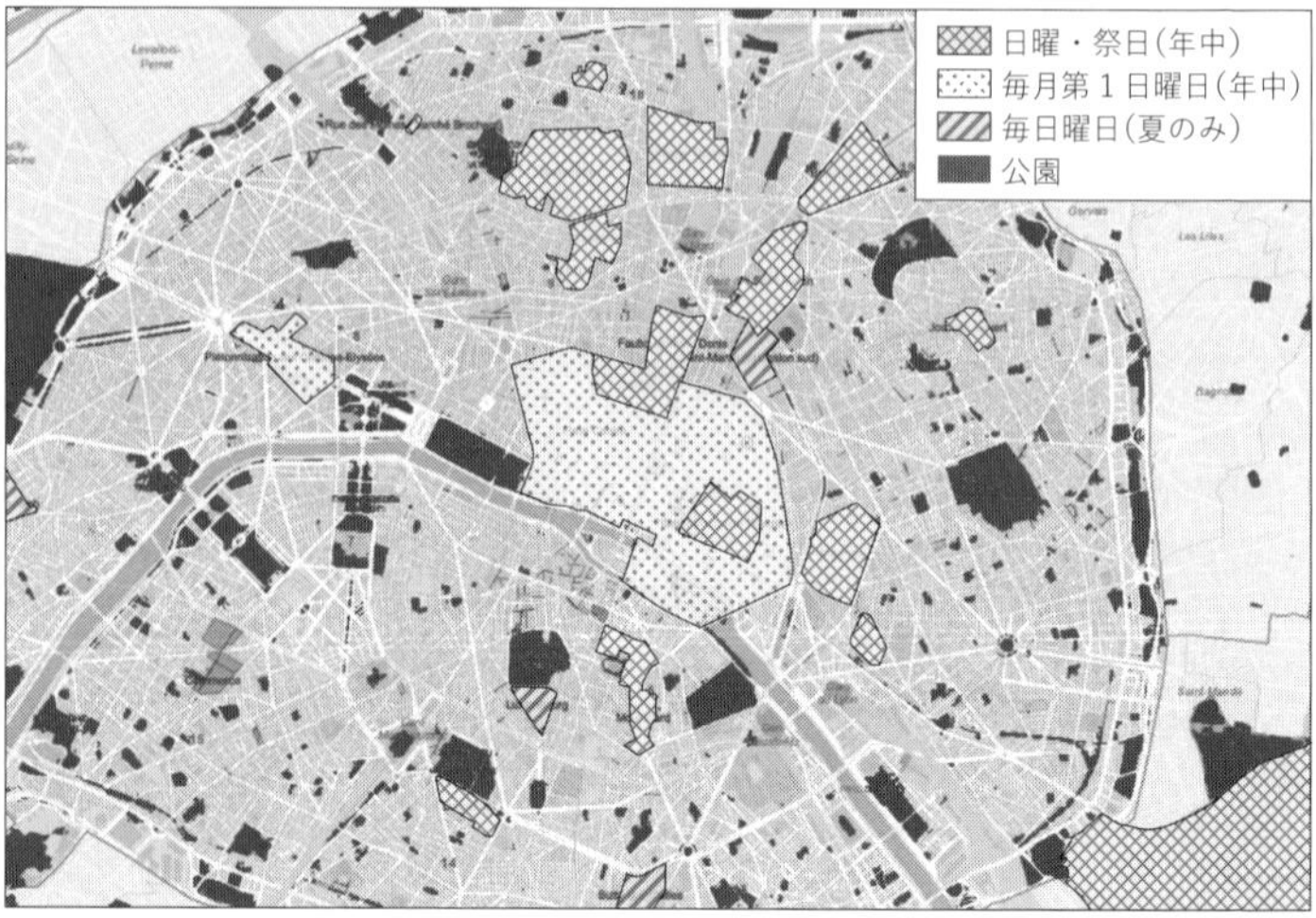

図５　パリの歩行者天国（2022年）。毎週日曜・祝日に実施、毎月第１日曜のみ実施、夏季の毎週日曜に実施、の３タイプに分かれる（出典：Ville de Parisの図に筆者加筆）

写真７　簡単なバリケードを置くだけのシャンゼリゼ通りの歩行者天国

道路を歩行者にひらく

歩行者空間の整備の成果として最もわかりやすいのは、歩行者天国の広がりだ（図5）。パリのシャンゼリゼ通り（1・9km）では、2016年5月から毎月第1日曜日は完全に車が排除されて大変な人出だ（5頁写真、写真7）。車道を残したまま、日本の道路交通法上の「歩行者用道路」として実施する「歩行者天国」に当たる。セーヌ川右岸の観光区域では日曜・祭日に、自動車道路が歩行者専用空間に設定される地区もある。恒久的な歩行者天国ではないので、バリケードを設置するだけで、沿道住民の自家用車や社会サービス車、宅配車などの進入の際には、パリ市が雇用した警備要員がバリケードを移動させる。日本でも日曜日午後に銀座通り（1・1km）で歩行者天国が実施されているが、周囲の観光区域に広がる動きはない。原宿や上野の歩行者天国は2001年に廃止された。

広場を歩行者にひらく

「深呼吸するパリ」プランの中でも注目されるのは、車のロータリーと化していた七つの大広場から自動車を排除し、市民の憩いの場として空間を大編成した事業である。バスティーユ広場、レパブリック広場、パンテオン広場では、特別な歴史遺産物としての価値を再認識できるように整備された。イタリア広場、ガンベッタ広場、マドレーヌ広場、フェット広場では、住民が集まれる場所へと転用された。整備の目的にはそれぞれ特徴はあるが、共通点はこれらの広場に生活の場としての役割を与え、公共空間として新しく利用できるようにすること、具体的には植栽を行い自然にあふれた居場所を住民に提供し、環境改善にも寄与することである。セーヌ河畔の車道を歩行者専用空間化したプロジェクトを通じて、「パリ市内の公共空間の自動車交通を減らし、歩行者専用化することは可能だ」という共通意識を、市長をはじめ議員や市民が持つようになり、パリには素晴らしい広場があるのに、まったく市民に利用されていない、という反省から、主に地域の議員のイニシアティブでこの広場整備プロジェクトは始まった。

2015年に発表された同計画では、七つの大広場の整備に3千万ユーロ（約42億円）の予算が計上された。ステークホルダーとの合意形成では、150のミーティングやワークショップに8500人が参加し、植栽を増やす、歩行者が移動しやすく快適な時間を過ごせるようにする、自転車のためのスペースを確保する、車のためのスペースを減らす、といった要望が多く寄せられた。広場周辺の住民だけでなく、このエリアに通勤する人たちは、インターネットで意見を投稿でき、約2千件の意見が寄せられた。自動車交通を排除することに反対する人々に対しては、「自動車交通の制御により、本当に車移動が必要な人たちの車利用がよりスムーズになる」「バスなどの既存の移動手段の車体を刷新するなど、公共交通に年間25万ユーロ（約3500万円）を投資し、自動車以外の移動の改善を常に行っている」と、パリ市は強調している。

写真8　バスティーユ広場、整備前（上）と整備後（下、2021年9月）
（出典：上／©Bernard Millot/Ville de Paris）

2018年から広場改造工事が始まり、バスティーユ広場（写真8）やレパブリック広場、ナシオン広場の整備はすでに完了した。車のロータリーと化していたかつての広場を知っている者にとって、この変化は大きな驚きをもたらした。たとえば、フランス革命時代に政治犯が収監されていた監獄があったバスティーユ広場は整備後、歩行者空間が54％増加した。筆者はバスティーユ広場でボール遊びをしていた若者が、道路からオペラ座前まで転がったボールを走って取りに行く風景に遭遇して本当に驚いた。かつては広場の周辺は車で混雑していたが、現在では自転車専用道路も整備され、自動車交通は抑制されている。

学校前道路を歩行者にひらく

「このような公共空間の再編を続けるには市民の賛意が必要だが、そのために具体的に市民にどのような活動を行っているのか？」という私の質問に対する、ベリアール副市長の答えが「学校前道路の整備」プロジェクトであった。パリ市内の169の幼稚園や小学前前の道路への車の進入を禁止して、完全に歩行者専用化する試みが2020年から始まっており（写真9）、市民に評判が良いそうだ。

「車が走る街の風景を見慣れた人々は得てして、歩行者専用空間を想像できないことが多い。車の少ない空間をまず可視化して、市民に歩きやすい空間を体験してもらうことが必要だ。しかし、

写真９　小学校（旗がある建物）前の道路から車を排除して、安全な歩行環境を整えたビアンフザンス通り★。整備前（上）と整備後（下）（出典：©Christophe Belin/Ville de Paris）

道路空間の共有を進める政策の実現は、厳しい政治的な対決を伴う、と言ってもよい。パリ市議会では現在、社会党、共産党、緑の党の連立政権が歩行者優先・専用空間を増やす施策を進めている。この多数派を次回の選挙でも維持するためには、市民にわかりやすい、賛同を得られやすいまちづくりを行うことも必要だ」とベリアール副市長は説明した。小学校が終わる16時30分頃にパリ市内を歩くと、学校前に花壇や子供用の遊具を設置した楽しい空間が整備され（7頁下写真）、親子が集う風景が至る所で見られる。確かに市民が身近に体験できて賛同を得られやすい空間整備である。

「私の地域を美しくする」プロジェクト

パリの全17区を80のエリアに分けて、毎年1エリアずつ抽出して、そのエリアを美しくするプロジェクトが2021年から始まった。次期市長選挙がある2026年までに、80エリアが終わる計算だ（図6）。12区では7エリアに分け、前述したプロムナード・プランテがあるエリア（図7）が、12区の「私の地域を美しくする」プロジェクトの最初の対象エリアとなった。12区全体の面積6・38㎢の12・3％に当たる0・785㎢が対象で、小さな面積に区切って整備している。エリア内の街路距離は14・6㎞で、リヨン駅とプロムナード・プランテがこのエリアを特徴づけている。

次に、このプロジェクトの具体的なプロセスを紹介する。

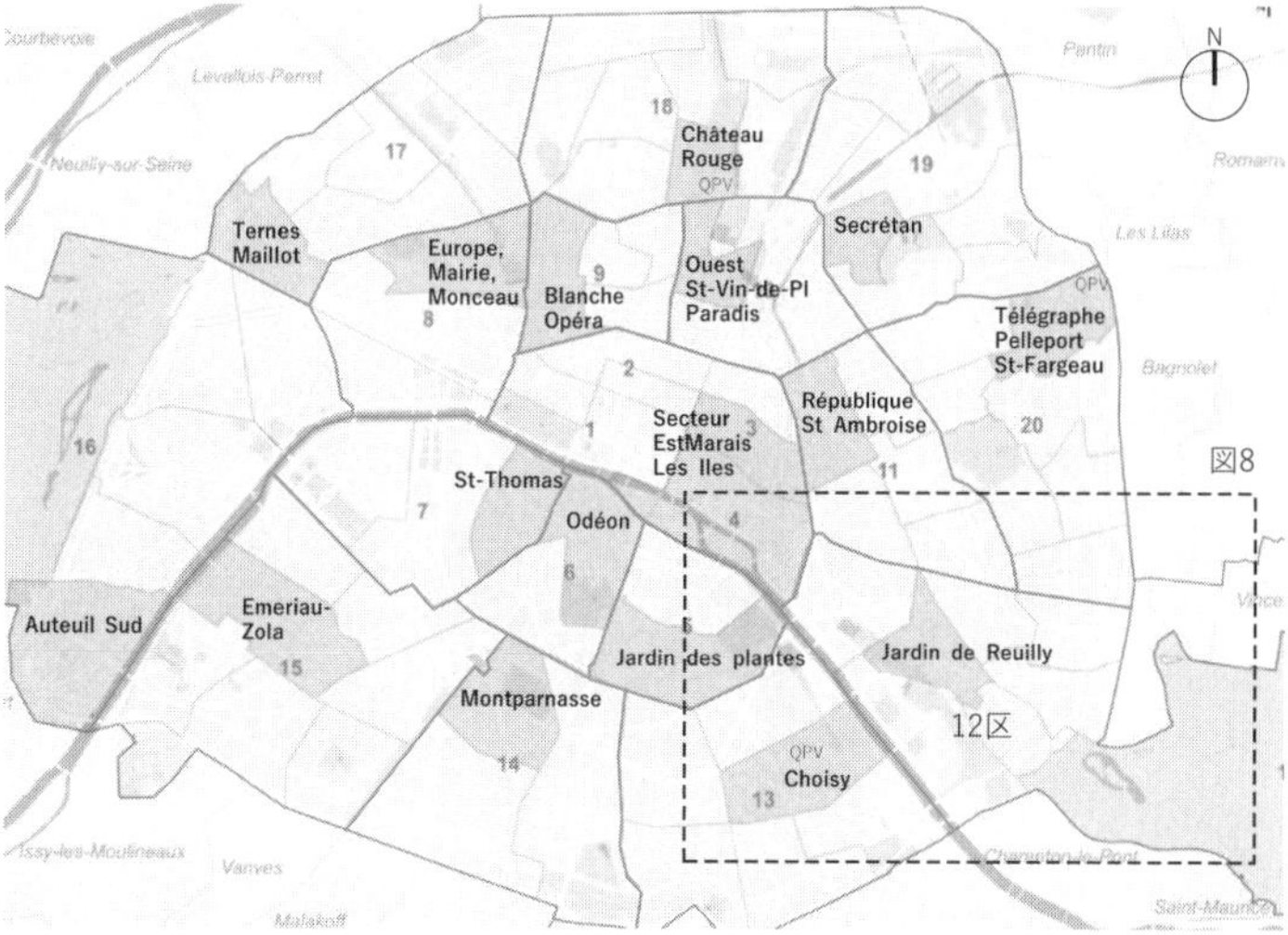

図 6　パリを 80 エリアに分割して実施されている「私の地域を美しくする」プロジェクト
（出典：©DVD/Ville de Paris の図に筆者加筆）

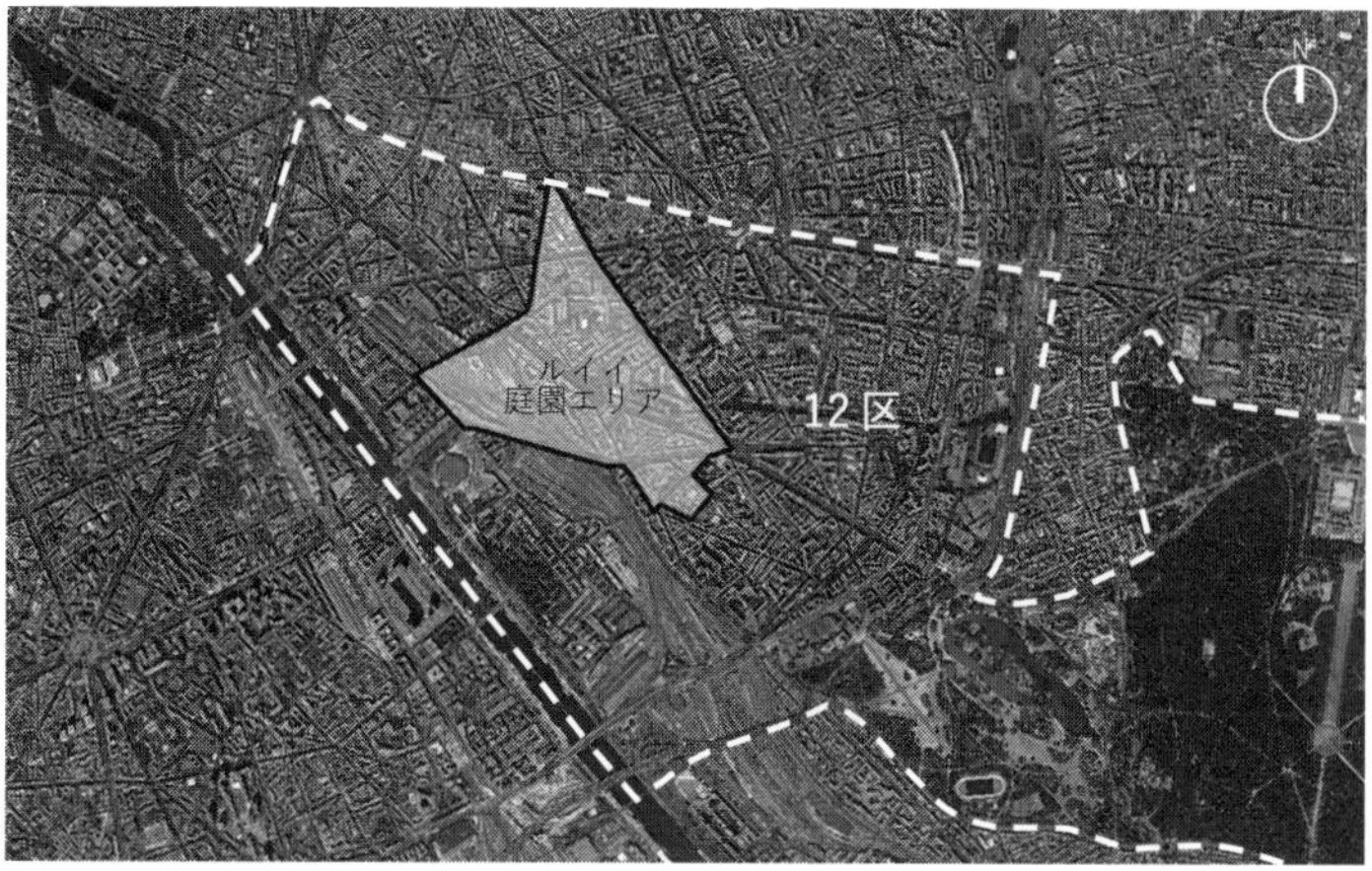

図 7　パリ 12 区における 2022 年の対象エリア（出典：©DVD/Ville de Paris の図に筆者加筆）

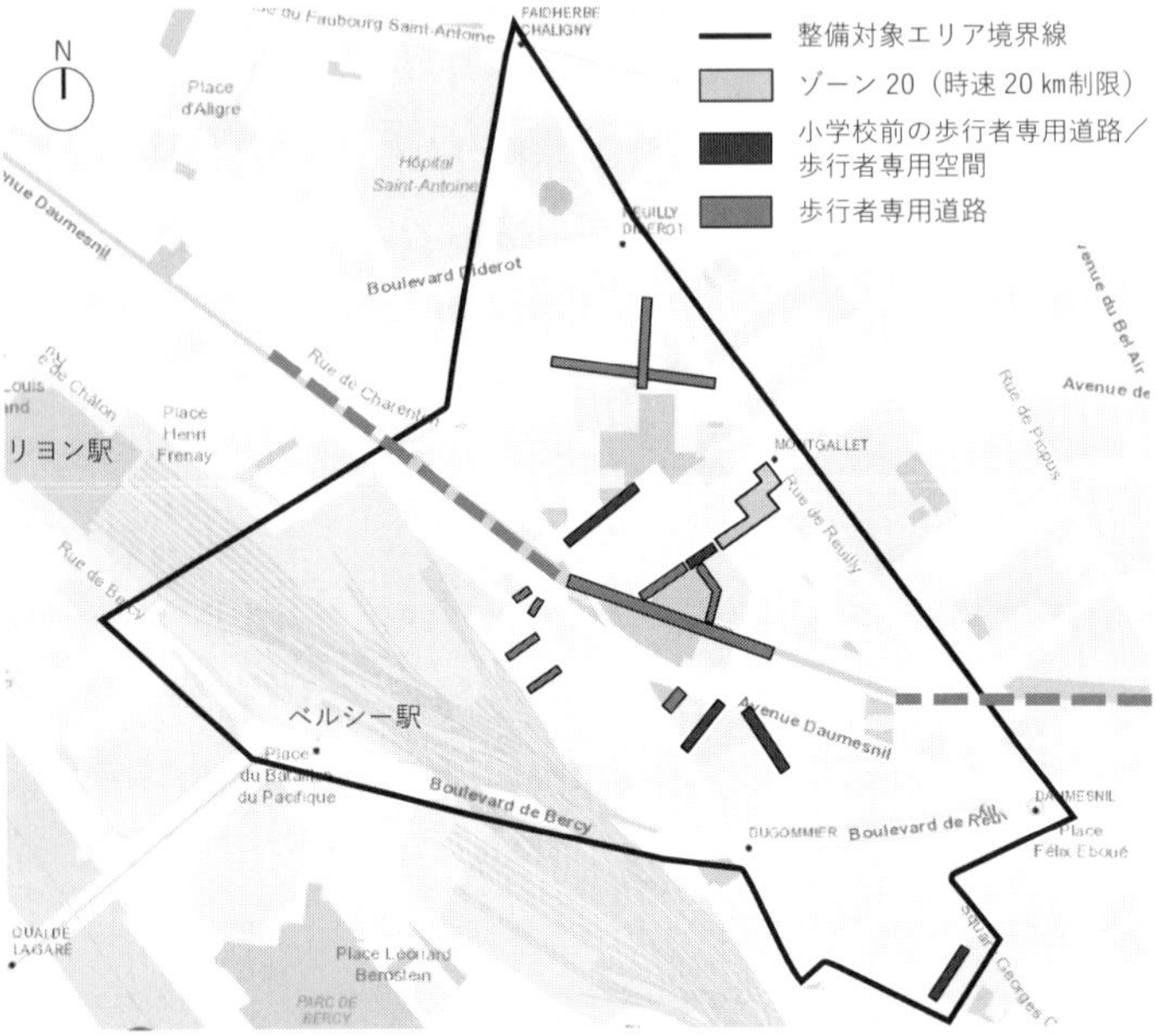

図8　12区の対象エリアの現状診断書（出典：©DVD/Ville de Parisの図に筆者加筆）

■対象エリアの徹底した現状診断を行う

公共施設、公共交通、自動車通行量、事故と駐車スペースと駐車状況、グリーンスペースなどの数値から分析して（図8）、当該エリアのプラス要素とマイナス要素のチャートを作成する。これらの資料はすべてパブリックミーティング（住民集会）で公開される。たとえばエリア内の道路幅を調査し、リヨン駅付近は道路幅が25mと広いが、図8では人通りが多い割に道路幅が狭隘すぎ、障害者などが歩行できない道路がある、などと分析する。対象エリアで評価できる点としては、「数多くの学校、スポーツ、文化施設の存在」「充実した地元商店と二つのフードマーケット」「利便性が高い公共交通機関」「ゾーン30や20、歩行者専用空間の設定」「数本の並木道と緑の回廊やルイイ庭園などの緑地」「主要道路での自転車専用道路とゾーン30における逆流防止用自転車専用道路の整備」などが挙げられた。一方、対象エリアの弱点としては、「複数の道路での通過交通」「街路を多く占める車の通行と駐車スペース」「不連続または不適当な自転車用道路、不十分な駐輪場」「障害者のニーズへの配慮が限定的」などが、住民から指摘された。

■自治体がエリア整備の目的と内容を策定する

このエリアを美しく改善する目的は、住民との合意形成を経て自治体が次のように設定した。「交通がもたらす渋滞・騒音・公害や迷惑駐車等の減少」「公共空間を歩行者に戻し、子供、高齢者、障害者などの弱い立場にある人々に、歩行時の快適さを提供する」「通学路の横断歩道をより安全なものにする」「自らの体を使ったアクティブな移動を促進するため、自転車道の安全性と快適性を向上させる」「多様な利用者の間で、バランスのとれた穏やかな公共空間の共有を促進する」「コミュニティにおける交流促進のために新しい公共空間の使い方を可能にする」「公共空間のデザインにおいて、たとえばトイレ空間の工夫などジェンダーの不都合を考慮する」「生活環境の改善と地球温暖化対策として、公共空間の植栽を増やす」。これらの目的達成のためには、具体的には「学校前道路の歩行者専用空間化プロジェクト」のさらなる推進や、「モビリティと整合性のある空間の再編」のためのアクションが必要である。

■自治体が整備プランを提示する

次に、歩行者優先の公共空間の整備、歩行者専用道路の追加、自転車専用道路や学校周辺の道路整備、さらには地区の交通計画の全面的見直しによって自動車交通を沈静化する整備プランを、自治体が市民に提示する（図9）。

■住民から意見を徴収する

「私の地域を美しくする」プロジェクトのように、私有地没収の必要がない空間整備プロセスではパブリックミーティングと合意形成に必要な期間は4～6カ月である。工事期間は12～18カ月を予定している。パリ市では、住民からの具体的な問題点の指摘や、その解決に対する諸提案を広く汲み取るしくみを整えている。計画の初期段階で、市民が街歩きを行う際に課題や提案を記入できるメモをサイトからダウンロードできるようにしたり（図10）、市役所スタッフが街歩きを企画する場合もある。

12区のルイイ庭園のあるエリアでは、2021年にオンラインでの意見聴取、市が企画した街歩きでの市民からの問題点と課題の提起、公開ミーティングなどが行われ、2022年1月から道路空間再整備の工事が始まった。具体的には、街並みを一新し住環境を向上させるために80本の植樹を行う。多くの歩道で歩行者のためのスペースを広げ、物理的・視覚的な障害となるアーバン

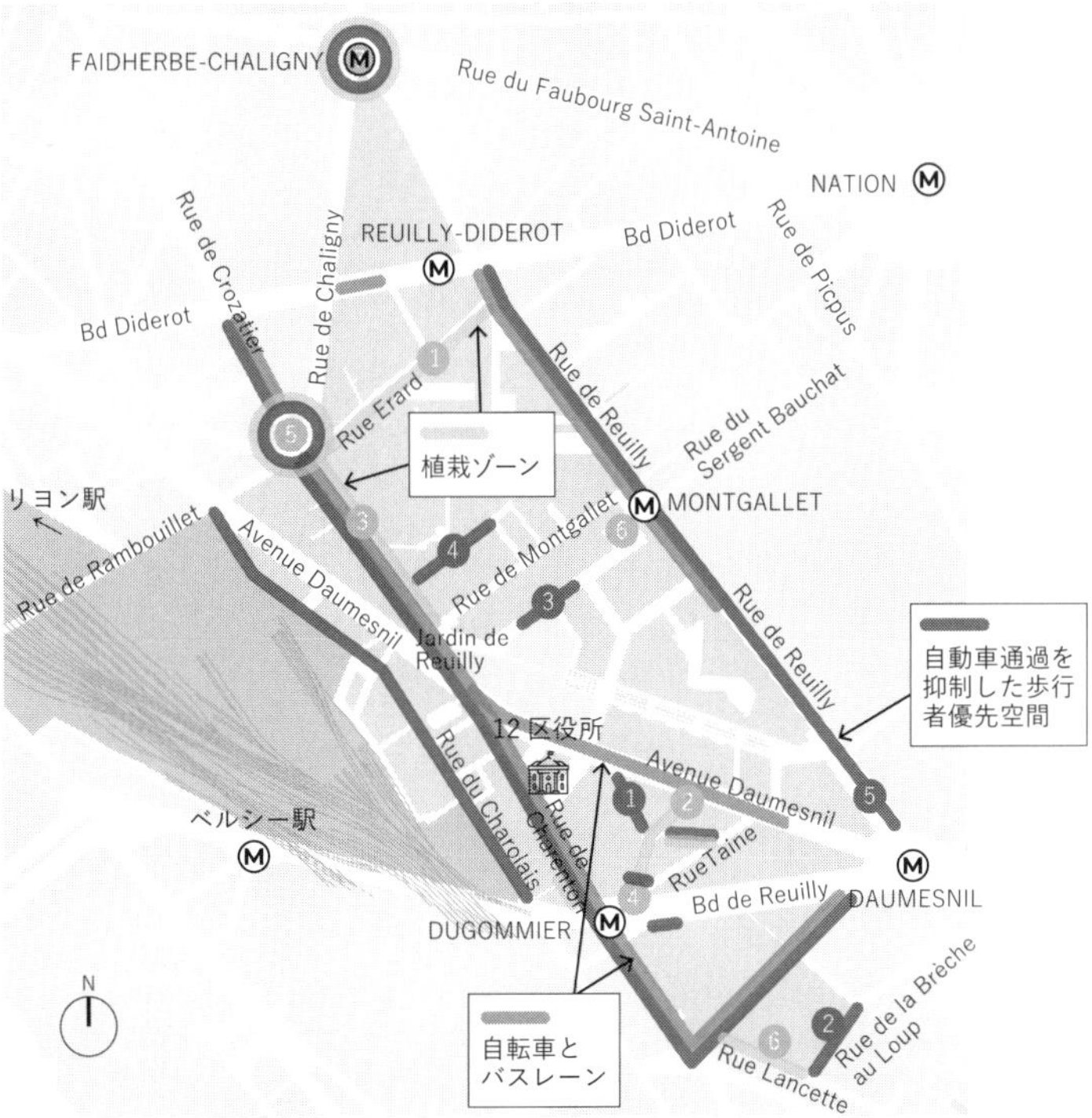

図 9　パリ市が発表した、12 区の対象エリアの整備プラン。植栽、自転車とバスレーン、歩行者専用空間・優先空間が新設された（出典：©DVD/Ville de Paris の図に筆者加筆）

行政が企画する街歩きツアー参加市民用のメモ

Météo

	場所	評価	課題	提案	中心 テーマ
❶					グリーン化 安全 （子供の場所） モビリティ （交通量の減少）

図 10　パリ市のウェブサイトから住民がダウンロードできる街歩きメモの一例
（出典：©DVD/Ville de Paris の図に筆者加筆）

ファーニチャーを取り除くなど設計の見直しが決定されている。すでに歩行者優先空間になっている学校前道路は、恒久的に歩行者専用空間に整備される予定だ。

合意形成の詳細は7章で述べるが、この「私の地域を美しくする」プロジェクトは現在、市内全17区で行われており、市のサイトで各エリアの取り組みや進捗状況を公開している。

街中のグリーン化・エッフェル塔付近の公園化

パリでは地球温暖化の影響もあり、2022年6月に40℃を超えた日もあった。夏を過ごしやすくし、景観形成、生物学的な多様性を確保するためにも、パリ市は2020年から2026年まで、街路、広場、都市林、森林などに17万本の植樹をする計画を立てた。樹木は、二酸化炭素を吸収して、大気質の改善、空気の冷却、特にヒートアイランドの軽減に役立つ。雨水管理や生物多様性の保全にも欠かせず、騒音に対する自然のバリアとしても機能することで、住民の健康を増進しストレス軽減の効果も期待できる。

パリでは、車道から自転車道への転用に伴い、街路に樹木を植える取り組みを進めている（写真10）。具体的には、「すでに街路樹の設置されている176㎞の沿道の歩きやすさを取り戻す」「消滅した14㎞の歴史的な街路樹を復元する」「植栽のある幅6m以上の歩道640㎞の景観を向上させる」「まだ植栽のない19m以上の街路に木を植える」などが計画されている。

写真10　パリ14区のパスツール大通り★、植樹前（左）と植樹後（右）（出典：©APUR）

846haのブローニュの森、995haのヴァンセンヌの森と東西に広大な森林公園があるパリでは、伝統的に市役所内に森林課が存在し、木のメンテナンスのノウハウも人材も十分に確保されているそうだ。パリの街路樹に多いのは、プラタナス（38％）、5月に白とピンクの花を咲かせるマロニエ（15％）、菩提樹（10％）である。パリ市は市の外周を一周する環状道路に、植栽を施した中央分離帯を整備する計画も発表している。

パリのグリーン化を象徴する計画が、エッフェル塔付近の「OnEI」プロジェクトである。対象地区の22haに、1万6724㎡の緑地を追加し、グリーンスペースを35％増加する。3万5千㎡の道路を歩行者、公共交通、自転車、スクーター用の道路に転用し、新たに227本の木を植樹するという大型プロジェクトである（6頁写真）。2024年のパリ・オリンピックまでの完成を目指しており、市議会議員のうち賛成が93名、反対が66名で、住民への聞き取り調査では反対意見が多数であった。にもかかわらず、2022年2月、エッフェル塔周辺地域の再開発に、1億1千万ユーロ（約154億円）の予算がパリ市議会で承認された。

この件に関して、ベリアール副市長は「パリのシンボルであるエッフェル塔付近に優れたエリアを創設して、パリ・オリンピックのレガシーとして残したいという趣旨で、党派を問わずこの計画は支持された。エッフェル塔付近は富裕層が多く住む地区なので、私が属する緑の党としてはこの予算はむしろ貧困地区に投資したかったが、環境への配慮でまず観光バスを減らす、歩行者空間を増やすという点では各党で合意している。これからは自転車でエッフェル塔まで行けると想像するのは楽しいし、パリのシンボルであるエッフェル塔の周辺地域を大切にしたい気持ちは皆が持っている」と語っている。

このプロジェクトに対する市民との協議会は2019年1月に始まり、2021年10月まで続いた。市民からの質問の半分が、エッフェル塔とトロカデロ宮殿を結ぶイエナ橋を歩行者専用化した場合、車の迂回道路はどうなるのかなどの、モビリティに関するものであった。つまり、都市空間の再編は常にモビリティの再編も包含する。

5 自動車交通を抑制するモビリティ政策

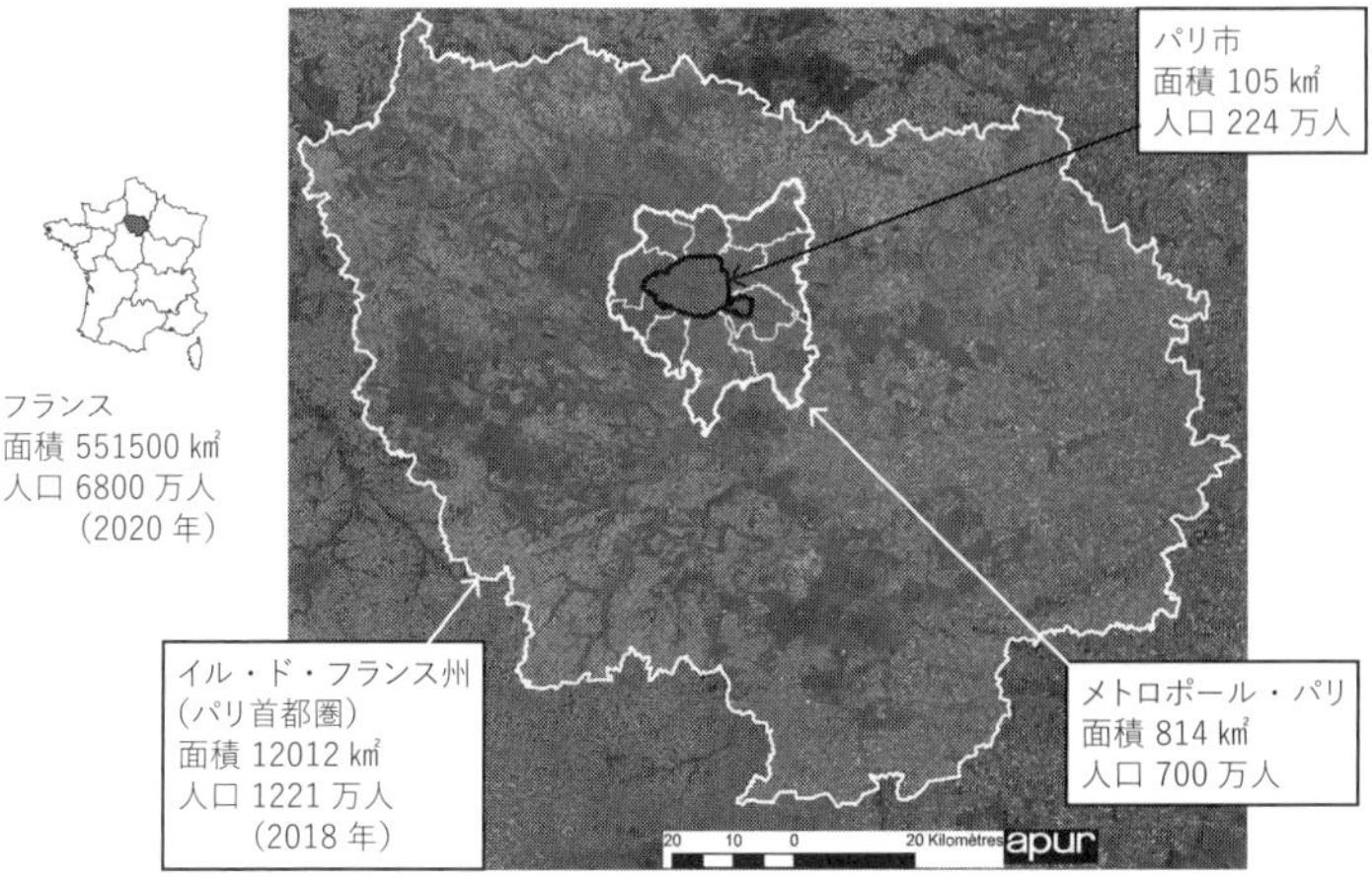

図 11　イル・ド・フランス州（パリ首都圏）、メトロポール・パリ、パリ市の構成
（出典：©APUR の図に筆者加筆）

パリ市は市内の通過交通の削減に注力しており、車の進入規制はその制限速度を下げることで実行できると考えている。駐車場供給をコントロールすることで、公共空間を占拠する自動車の数を減らし、市民が利用できる都市空間として解放することを目指している。パリ市が策定している新しいモビリティ政策を紹介する前に、最近のフランス全体およびパリ市におけるモビリティの状況を紹介する。

パリ市民のモビリティ

パリ市は意外と小さく、面積１０５㎢、人口は約２２４万人である。一方パリには、面積１万２０１２㎢、人口約１２２１万人のイル・ド・フランス州の住民が通勤や通学で移動する。本書ではパリ首都圏と呼ぶイル・ド・フランス州

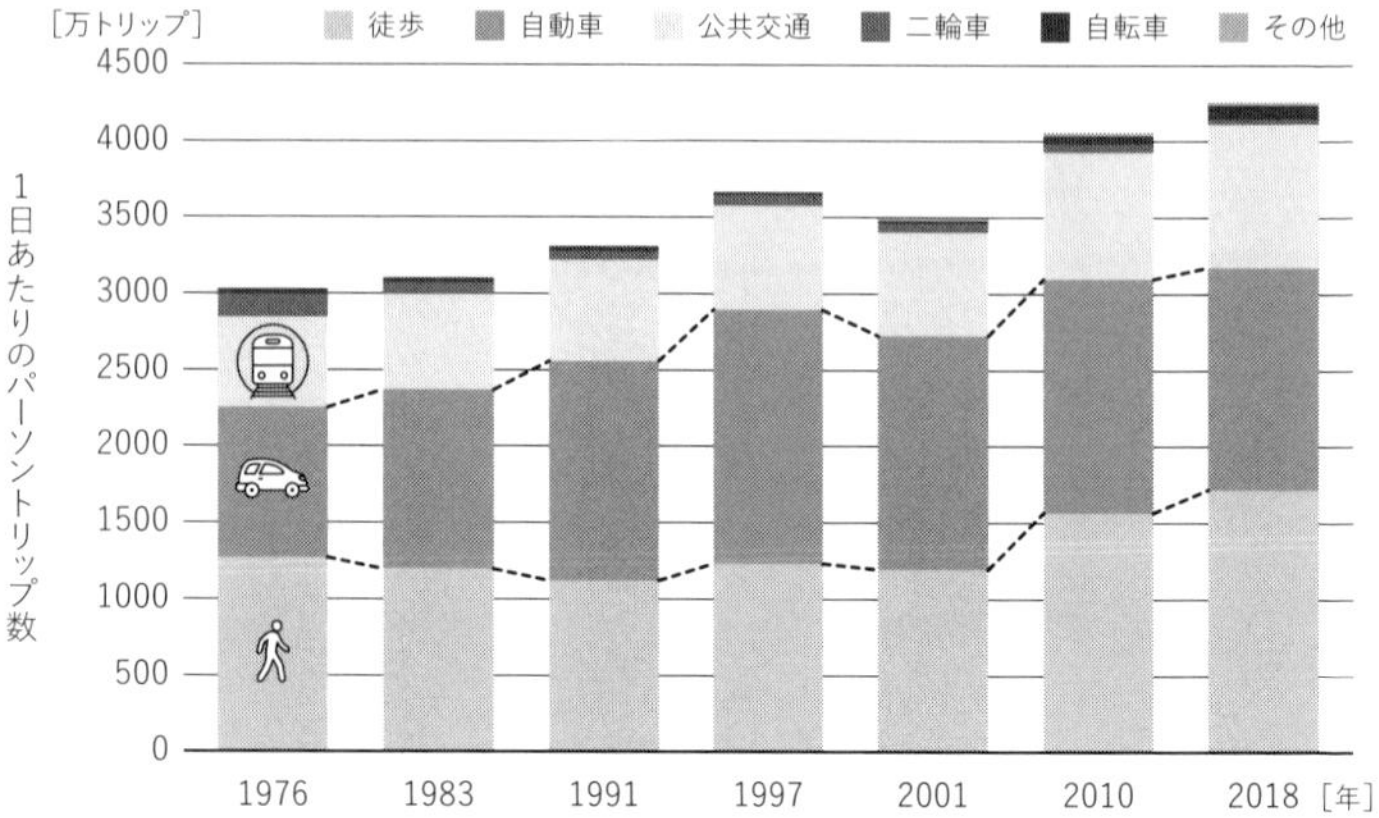

図 12　パリ首都圏（人口 1221 万人）における移動手段の変遷（1976 ～ 2018 年）
（出典：©APUR の図をもとに筆者作成）

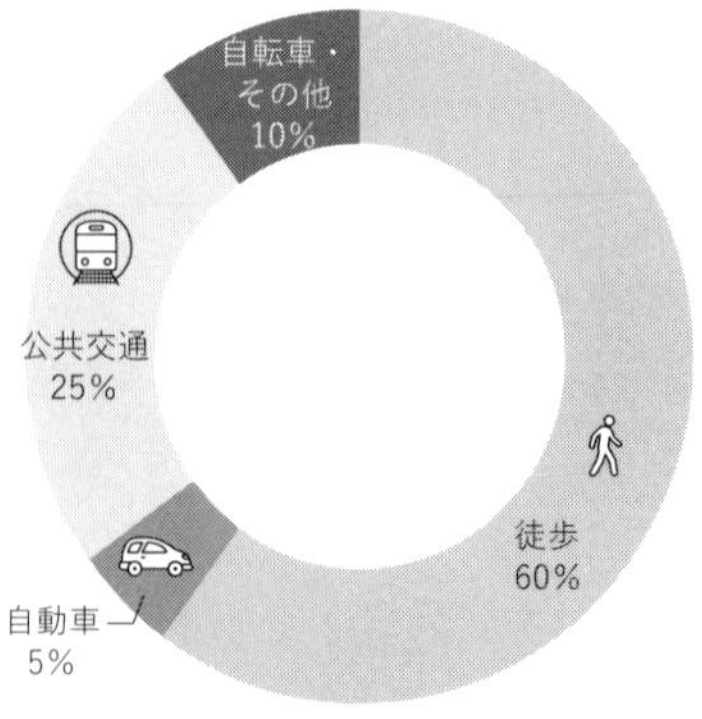

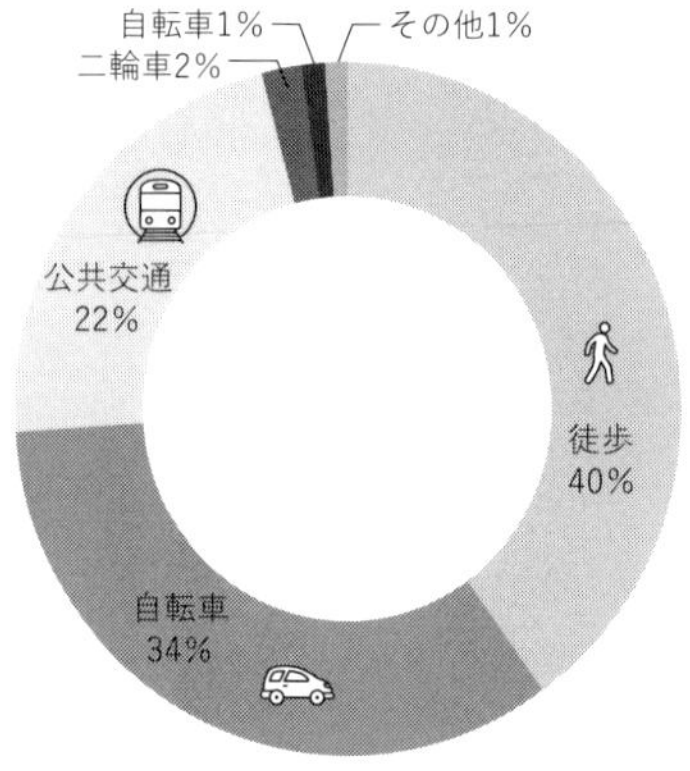

右：図 13　パリ首都圏（1221 万人）における 1 日の全パーソントリップ（4273 万件）の移動手段の割合（2018 年）（出典：APUR の図をもとに筆者作成）
左：図 14　パリ市内（224 万人）における移動手段の割合（2020 年）
（出典：©DVD/Ville de Paris の図をもとに筆者作成）

が、パリ市内も含めたモビリティ政策を管轄している。また州とパリ市との中間の行政機構として、パリ近郊の12の自治体で構成する、面積814㎢、人口約700万人の広域自治体連合メトロポール・パリがあり、環境問題などを管轄している（図11）。

パリ首都圏においては自動車を利用した移動がこの30年間減少してきており（図12）、自動車での移動は34％しかない（図13）。その傾向はパリ市内になるとさらに顕著で（図14）、自動車での移動は5％という低い数字である。パリ市内では車の所有率が1990年から2017年で25％減少し、車の利用率も2001年から2018年で59％減少しており、車離れが進んでいる。パリ首都圏住民の自動車を使った1日の外出回数は平均2回だが、パリ市内では0・5回以下である。運輸総合研究所の発表では日本の人口1人あたりの車保有台数は平均約0・5台だが、東京都23区内は約0・29台と低かった。これは公共交通が便利な大都市の共通項とも言える。それに代わって増えてきたのが、徒歩移動、公共交通や自転車を利用した移動である。

コロナ禍に自転車専用道路を一気に整備

パリ市内の住民70％の通勤距離が2・5㎞以下であることを考慮して、パリ市が力を入れているのが、自転車移動の促進である。イダルゴ市長は政権についた2014年の翌年に、2020年をターゲットとして約180億円の予算で、61㎞の自転車専用道路を整備する自転車プランを発表し

中：写真 11　ペイントとコーン設置による、右岸リヴォリ通り（ルーブル美術館前）の再編。2020 年 9 月から一般自動車を進入禁止にして、コンコルド広場からバスティーユ広場まで自転車専用道路（仮設）とバスレーンのみに整備した

下：写真 12　右岸リヴォリ通り。朝夕の通勤・通学時には自転車レーンは自転車で一杯になる

写真13　リヴォリ通りの変遷。左：1855年、中：2013年、右：2021年
（出典：左／©Adolphe Braun、中／©Captain、右／©Vincent Nouailhat/APUR）

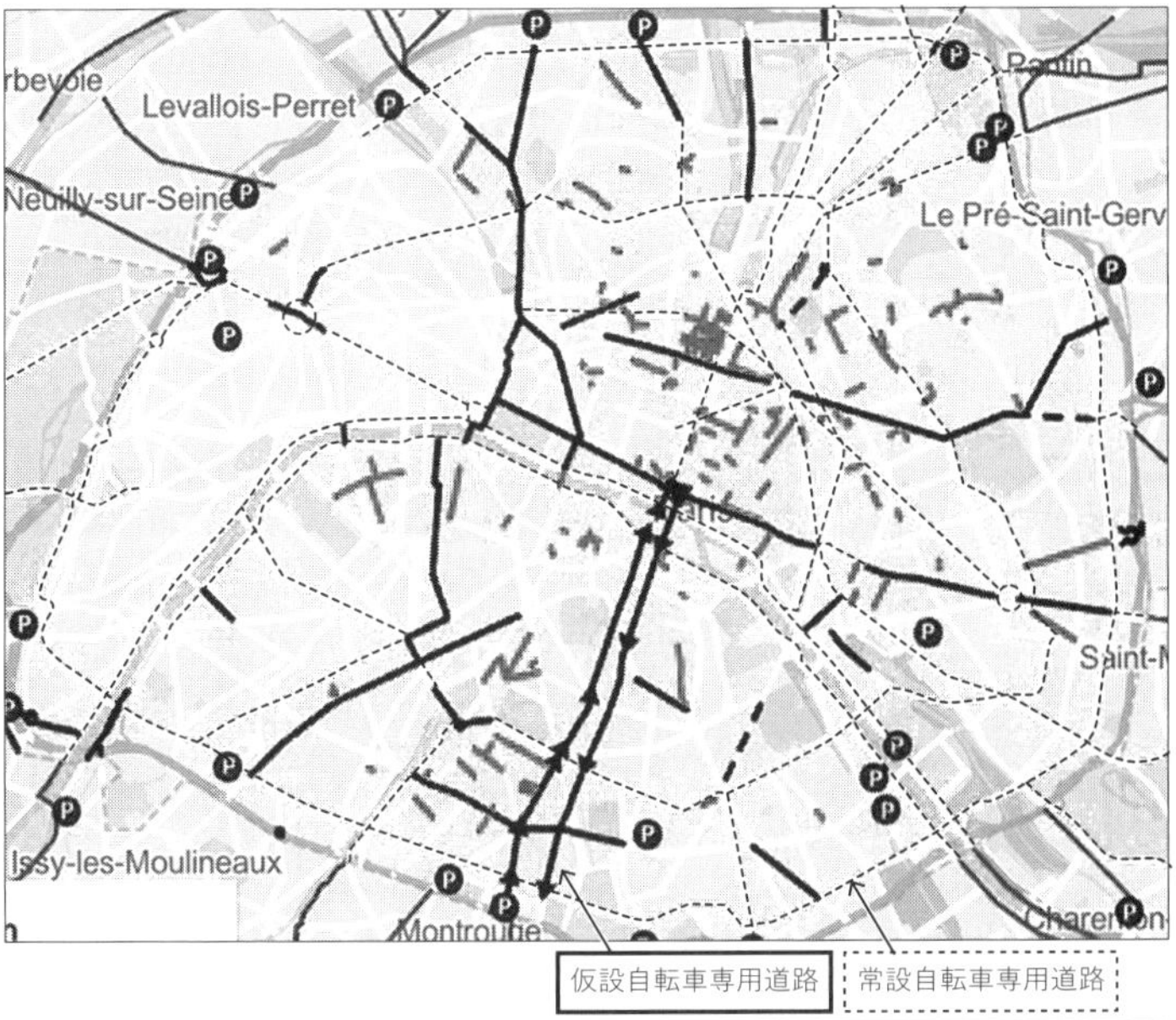

2015〜20年：自転車専用道路整備（61 km）、予算180億円
2020〜21年：コロナ禍に仮設専用レーン整備（50 km）
2021〜26年：自転車専用道路整備（520 km、うち390 kmは2方向車線）、予算325億円

図15　パリ市の自転車専用道路の整備プラン。2021年発表の資料で、その後、数字は変わっている（出典：©DVD/Ville de Parisの図に筆者加筆）

た。パリを東西に走るセーヌ川沿いの主幹道路や、パリ東駅に至る南北主幹道路での工事中は、自動車レーンを減らしたため渋滞が発生し、それに対する批判も出ていたにもかかわらず、市長は「次の選挙で民意を問う」という姿勢でこの政策を進めてきた。

そして、自転車専用レーン整備を進める行政と市民の意識を変えたのが、コロナである。2020年からのコロナ禍で車の通過量が劇的に減少した機を捉えて、パリ市では2020年から2021年にかけて仮設自転車専用レーン50kmを一気に整備した。これは「コロナレーン」とも呼ばれ、ペイントをしたりコーンを設置するだけで簡単に整備されたタクティカル・アーバニズムである（写真11）。その結果、今までパリでは見られなかった風景が生まれ（写真12、13）、中心部だけでなく、パリを包囲する環状線道路付近までも自転車で移動する人々が増えてきたことは、往年のパリを知っている者には軽いカルチャーショックである。コロナが多少落ち着いた2021年には、パリ市はさらに新たな自転車プランを発表した（図15）。2026年までに325億円の予算をかけて、520kmの自転車専用道路（390kmは2方向車線となる）を整備する計画だ。

パリ市内は自転車で30分以内に移動できるようになり、自転車利用者が増えた結果、自動車の平均速度は減少し歩行者の安全にも寄与する。パリ市内の自動車の平均速度は、パリ市の発表によると2002年は16・6kmであったが、2019年には12・3kmまで減速している。コロナ禍の間に自転車道路の整備を進めたのは、交通においては「供給が需要を生みだす」という考えに基づいている。つまり「利用しやすいインフラを整えると、人々は使う」ということが、過去30年間公共交通を供給し続けた結果、人々の車移動が減り公共交通移動にシフトしてきた事実で証明されている。パリ市内の2004年の自転車専用レーンは292kmしかなかったが、2026年には1093kmにまで増えるはずだ。このようにパリでは、モビリティの方向性を定めて、着々とインフラを整えている。参考までに、自転車都市で有名な人口60万人のコペンハーゲンの自転車専用道路は、全長350kmである。

パリ全体をゾーン30に

期間や時間を限定した「歩行者天国」ではなく、恒久的に自動車交通を排除した「歩行者専用空間」の整備と、その周辺道路の車の速度制限がパリ市で進められている。道路利用を決定するパリ市議会は、「市内では車や駐車場が都市空間の60％を占拠している」として、2014年度から2020年春までの第1期イダルゴ政権では9千万ユーロ（約126億円）の予算を投じ、緑地空間の増加や歩道改善などパリ市内の歩行者専用空間を整備してきた。政権第2期の2021年9月から少数の幹線道路を除いて全道路への時速30km制限が適用されたが（図16）、実はパリ市内道路の45％は2017年にすでに時速30kmに制限されていた。

2020年10月27日から1カ月間、パリ市は市民に対して時速30km制限の一般化に関する意見徴収を行ったが、5736人が参加し、そのうち5445人がオンラインで意見を述べ、回答者の

図16　2021年9月からパリ全域に導入された時速30㎞制限
（出典：©Ville de Parisの図に筆者加筆）

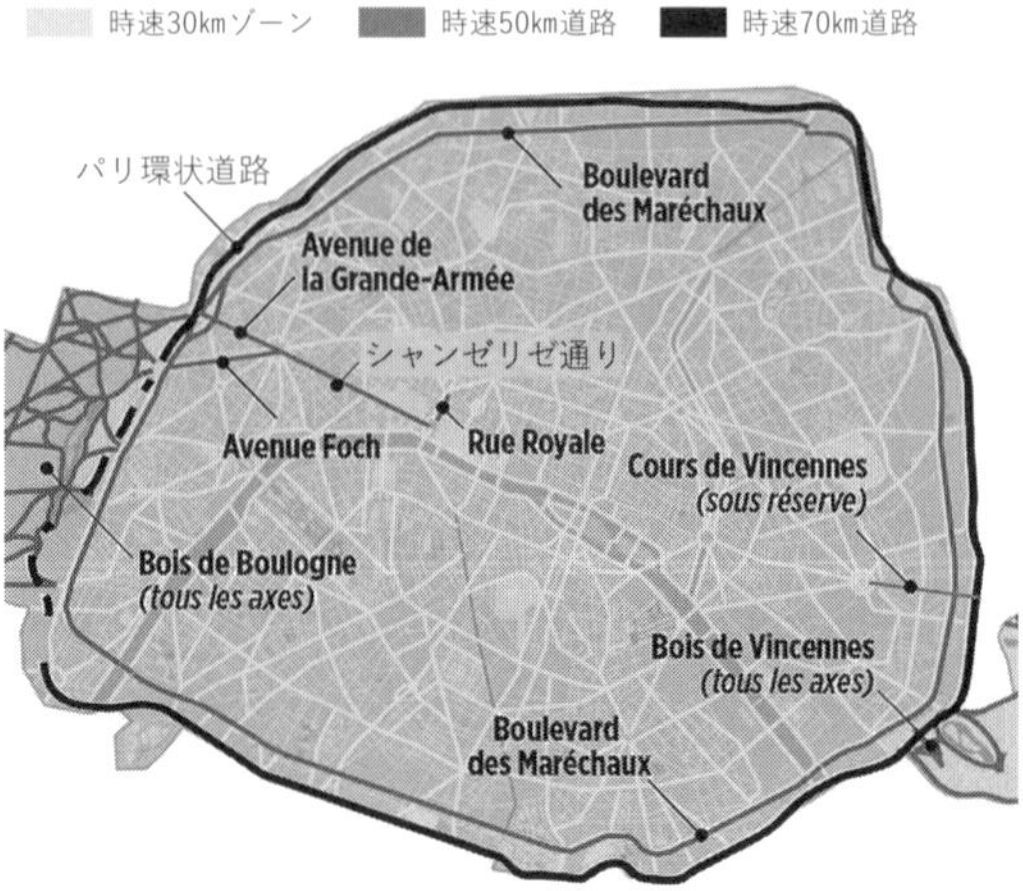

63％がパリ市内の住民であった。回答したパリ市内の住民の59％が時速30㎞制限に賛成、もしくはどちらかと言えば（たとえば時速制限50㎞の道路も残すという条件付きで）賛成した。一方、回答したパリ市郊外の住民の61％が反対の意を表明した。

この時速制限政策の目的として、「交通安全の向上」「より良い公共空間の提供」「健康維持のために徒歩や自転車を利用し、自らの体を使うアクティブな移動の推進」という三つを、市は挙げている。人口２２４万人のパリ市内での交通事故被害者は２０２０年度５３５０人でそのうち死者は45人であった。２００７年の９９０８人の約半分に減少している。事故被害者のうち40％がオートバイ、自転車と歩行者がそれぞれ19％、自動車の搭乗者は13％であった。元来交通渋滞などでパリ市内の車の平均速度（7～20時、信号待ち時間などを含む）は、２０２０年度で時速13・４㎞であった。このように２０２１年以前に、すでに大半の車は時速30km以下で走行していたので、国内ニュースではセンセーショナルに時速30km制限は報道されなかった。

パリ市は、この政策を策定した1年後の2022年夏に市民に対して興味深い調査を行っている。アンケート対象者の95%が時速30km制限を理解しており、66%が規則を守っている。23%は「時々しか守らない」と、9%は「まったく規則を無視して走っている」と回答した。この政策に対する賛成者は45%を占め、道路の安全、快適な街、徒歩や自転車利用への移行推進を賛成の理由としている。反対者の理由は、「パリではもっと早く走れるはずだ」「取り締まりがまだそれほど行われていない」「規則を知らなかった!?」などを挙げており、交通キャンペーンの難しさをうかがわせる。

公共交通網のさらなる充実

車の進入を規制するからには、代替する交通手段として自転車だけでは不十分であるが、パリ首都圏やパリ市内の公共交通ネットワークは大変充実している。全長212km・307の駅を結ぶ地下鉄や、全長130km・227駅（うち51駅はパリ市内）を結ぶLRTが縦横無尽に張り巡らされている。さらに、パリ首都圏には2425kmにも及ぶバス路線と4778の停留所があり、パリ市内だけでも627kmのバス路線と1391の停留所がある。パリ市内とパリ首都圏を結ぶRERと呼ばれる地下高速郊外列車の全長は587kmで249の駅を結ぶ。現在パリ首都圏の公共交通ネットワークをより充実化させるために、グレーター・パリエクスプレス計画が進行中で、2020年から2030年をターゲットとして、地下鉄を204km延線して68の駅を追加する予定だ。完成すれば、パリ郊外に住む95％の市民が自宅から2km以内で何らかの公共交通を利用することできる。公共交通沿線に自転車専用道路の整備を並行して進めていることも特徴である。

路上駐車場を半減する

これまで述べてきたモビリティ政策はすべて、都心部への車の進入をできるだけ減らすことが目的であるが、合わせて車の利用を減らすための駐車対策も計画されている。パリ市には現在14万4300台分の路上駐車スペースがあり、市は具体的に6年間（2020～26年）でその数を半減させると発表している。パリ市の全駐車収容スペースは約80万8千台（2020年）で、そのうち65％が民間の建物の駐車スペースである。10％がショッピングセンターなどの商業施設に付随した駐車場、8％が市が民間に経営を委託している駐車場、残りの16％が路上駐車スペースで、路上駐車料金はパリ市の収入になる。この路上駐車スペースを公共空間として転用する計画である。ここにもコロナ禍の影響で、パリ市内に進入する自動車数が減少している機を捉えて、道路空間を自動車交通以外の用途に転用する意図が見える。

6

歩行者空間化は近隣商業を伸ばす

フランスでは、街路や学校施設などは都市資産と考えられており、街路は住民のための公共空間として再編されつつある。学校の中庭も「15分都市」構想の実施の一環として、2022年から週末は徐々に住民に開放され、レクリエーションやスポーツ、文化活動の場として活用されている。15分都市構想は地域の近隣コミュニティの活性化を目的としているが、決して住民からの自発的なまちづくりへの参加を促したり、交流を義務づけるものではない。地域の清掃や植栽などはあくまでも自治体の業務である。都市の将来像を首長・議会が決定し、行政が具体的な施策を考案し、市民が意見を届ける、という構造で政策が実施される。施策を決定する行政は、快適な住環境や住民が外出しやすい安全な歩行環境を提供すれば、街に賑わいを呼び、地域の商店の活性化につながる、と考える。街路の1階に構える店舗のテラス使用料は行政の財源にもなる。こうした行政の政策の是非を判断するのは、6年に一度の地方選挙で示される民意である。

だが実際に市民と話すと、車の進入抑制政策に対して車の利用者や納入業者などの反対意見が聞かれ、特に車でパリまで通勤せざるをえないパリ首都圏の住民層の間に、パリ市内への車進入抑制政策の反対者が多い。「根強い反対意見にどのように対処してゆくのか?」という私の問いかけに対して、パリ市街路・移動部のモビリティ庁長官トリスタン・ギユー氏★は、「確かに車進入規制には反対意見はあるが、住民の消費や経済のあり方は変わってゆく。インターネットショッピングの普及で、人々はパリ市内にもう車で買い物には来ない。最も大切なことは、歩行者空間化によって近接商店は生き残るという事実だ。車で街に入れないから、客が店に来れなくなって経済が衰退するわけではない。飲食店が増えて夜遅くまで騒々しいと言う人は、車がどれだけ騒音を出していたかを忘れている。パリの人口は確かに減ってきているが、それは不動産価格が上がりすぎたからだ。たとえ次の選挙で政権が替わっても、環境保全のことを考えると、道路空間の再配分の政策に後戻りはしないだろう」と述べている。[*3] 何よりもイダルゴ市長が2020年に再選されたことが、パリ市民が、綺麗な空気と街路の安全性を車移動の利便性以上に評価していることを示している。

ギユー氏が「元の姿には戻らない」と言い切る背景には、パリでは1990年代初頭に、道路空間再編の実験地区を設け、その後の変遷を調査した結果があるからだ。パリの中心部2区モントルゲイユ地区★の13・8haの街区で、1991年から一方通行を導入して沿道住民の自家用車や消防車等の社会サービス車以外の通行を禁止し、自動車交通量を減少させる社会実験が行われた（図17）。500台の路上駐車場を撤廃し、街路にはアスファルトの代わりにカッラーラ産の大理石を敷き詰め、その色によって歩行者専用エリアの境界を明確に区別し、「村」の街路のような雰囲気を演出した。乱雑に停められていた路上駐車が減り、街路には約110本の樹木が植栽された。歩道はゆったりした公共空間に再編され（写真14）、住民の生活環境が改善された。歩行者道路の拡幅、

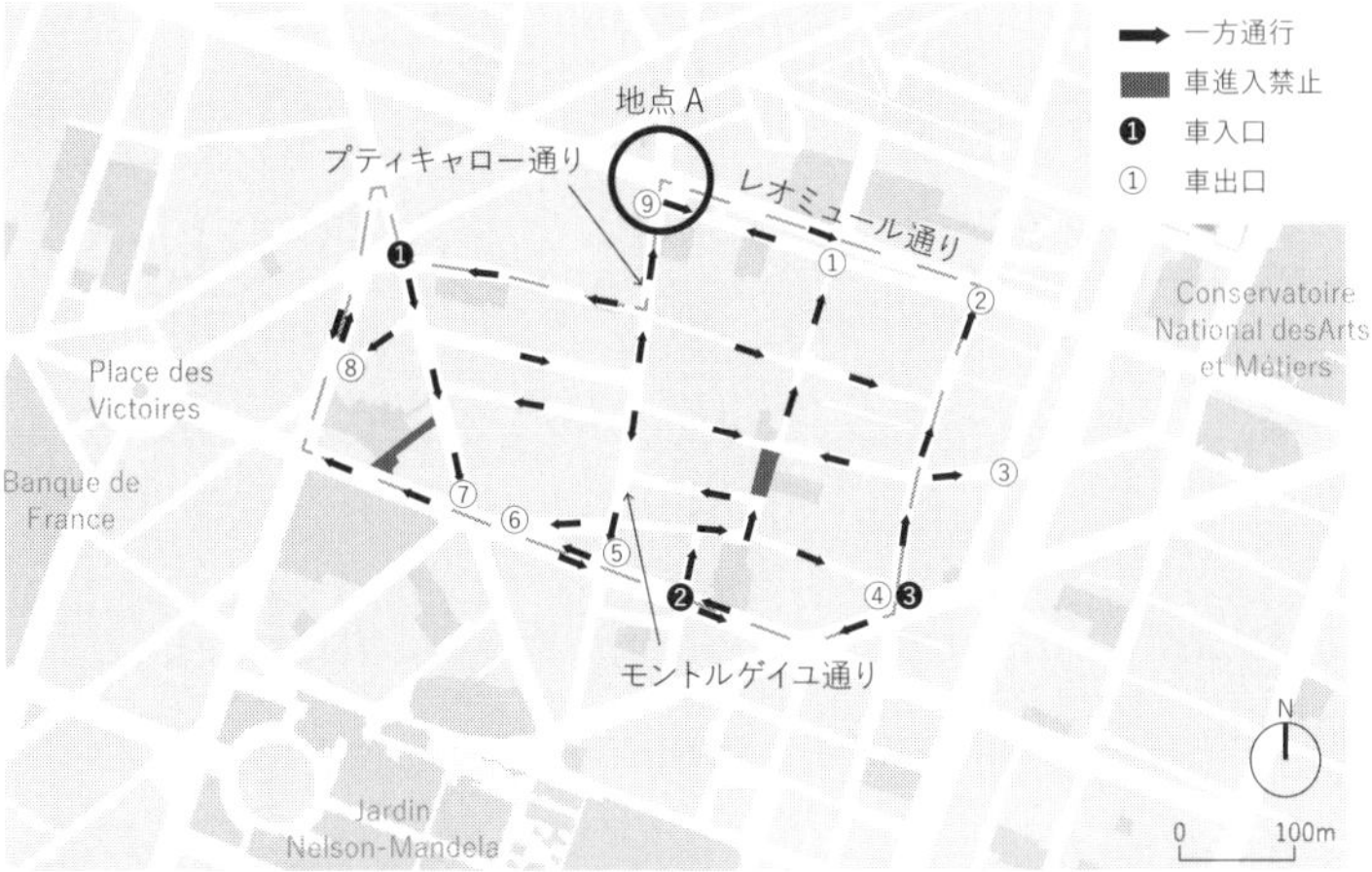

図 17　1990 年代から車進入規制の実験を行った、パリ 2 区モントルゲイユ地区の街路。道路空間の再配分で歩行者空間を増やし、ゾーン内への車の出入口を制限し、一方通行化を徹底させて車の交通量を抑制した（出典：©APUR の図に筆者加筆）

写真 14　モントルゲイユ地区の実験街区の北端のあるレオミュール通り★（図 17 の地点 A）には、車の進入を妨げるボラードが 10 本恒久的に整備された。社会サービス車などが進入する際に地中に埋没するタイプのボラードではないが、必要な車両は南側のプティキャロー通り★にアクセスして、写真の矢印に沿って一般道路に合流できる

植樹などの景観形成を同時に行い、歩きやすい街路を創出した同地区における道路空間の再配分は、その後、恒久化されて、人口推移や店舗構成など追跡調査が行われている。

このように15分都市構想とはまちづくりの哲学であり、政策そのものの名称ではない。15分都市構想とは徒歩環境を整備し移動時間を抑えた都市生活の概念である。15分都市構想を実現するためのさまざまな施策を1章では紹介したが、ウォーカブルシティをダイナミックに進めるパリ市議会の姿勢や、自治体行政の組織と人材については5章で触れる。

＊1　本章におけるすべての数字は、特別な記載がない限りはパリ市発表のものを引用している。

＊2　ダヴィッド・ベリアール氏へのインタビュー（２０２２年３月）より。

＊3　トリスタン・ギユー氏へのインタビュー（２０２２年３月、９月）より。

FRENCH
WALKABLE
CITY

2章

なぜ、歩きたくなる都市が実現できるのか

1 ストラスブール、マルセイユ、ニース：観光都市のウォーカブルな水辺

フランスではパリだけでなく、大半の地方都市の中心市街地は歩行者優先に整備されウォーカブルシティが実現している。なかでも水辺を活かしたり、水を取り入れた都市空間に秀逸なデザインを見ることができる。

ストラスブール：10年前から取り組む歩行者優先の都市づくり

フランス東部のストラスブール市（人口約28万人）は１９９４年に欧州で初めてＬＲＴを中心市街地に導入して以来、一貫して優れたモビリティ政策を採用してきた環境先進都市である（12頁写真）。中心市街地の歩行者専用空間化に１９９０年代から取り組んできた（写真１）。ストラスブール市を中心に構成される人口50万人の広域自治体連合ユーロメトロポール・ストラスブール（以下、ストラスブール）議会は、２０１２年に他の都市に先駆け、「歩行者憲章（Le Plan Piéton de Strasbourg）」を議決した。84頁に及ぶ憲章には示唆に富む10の原則が挙げられている。

写真1　1970 年代のストラスブールの大聖堂前広場（上）、歩行者専用空間に転用された現在の様子（下）
（出典：Eurométropole de Strasbourg）

従来の歩行者関連政策は、自動車に対する歩行者の安全確保に重点が置かれていたが、歩行者憲章では歩行者を楽しませる最適な都市環境の創出を目指し、以下の斬新な政策を決定した。

①大型公共交通を導入する際は、予算の少なくとも1％以上を、その交通機関の駅周辺500m以内に歩行ゾーンを整備する費用に計上する。その歩行ゾーンは、バリアフリーで歩きやすい工夫を施す。

②新たな道路空間を整備する際には、道路幅の最低50％を自転車と歩行者専用空間にする。

③人は500m歩くと疲れるとされることから、座りやすいベンチ、涼しさを運ぶ木陰、夜に安全な街灯などを整備し、歩行の快適性を向上させる。

④歩行者と自転車が共存する空間では、1時間1㎡あたりの歩行と自転車トリップが200以上になると危険なので、歩行者のスペースを確保するなど自転車との競合を回避できる空間設計を施し、歩行の安全性を確保する。

⑤細切れに歩行者専用道路を整備するのではなく、市内を徒歩で安全に回遊できる「卓越した歩道ネットワーク網」を構築し、政策の全体像との整合性を図る。

ストラスブールでは、2012年の歩行者憲章に続いて、2021年5月に新しい歩行者憲章も議会で承認した。2030年をターゲットとするこの計画では、住民の健康のために1日30分以上、2㎞以上のウォーキングを奨励している。議会で示された新しい11の原則の中には、歩行者専用道路の連続性の確保、通学路の整備、幹線道路にある横断歩道の改善、新しい都市開発地区における歩行者への配慮などが含まれており、自転車利用者と歩行者の共存を改善することも意図されている。

ストラスブールでは、歩行しやすいまちづくり実現のために、「いかに楽しく安全に歩いてもらえるか」を目標に、ハードインフラの充実化だけでなく、歩きたくなるような道路づくりや歩くインセンティブを提供する仕掛けに工夫している（13頁写真）。中心市街地では、車が走っていた道路や広場が歩行者に開放された空間に転用されている光景が日常になった。

たとえば、2018年に中心市街地を流れるイル川沿いの幹線道路・バトリエ河畔通りが歩行者専用空間になった（図1）。このプロジェクトでは当初、通り沿いに住宅や宿泊施設、レストランなどが多いために（写真2）、制限速度を時速20kmにしてある程度の車の進入を認める予定だった。しかし、幾度かの市民との協議を経て、市は午前11時までの搬出入車の進入と住民の出入り以外は、一般車の進入を禁止した。この対応には、沿道商店街でも賛否両論があった。完全歩行者空間化はテラスを利用できるレストランやカフェには歓迎されたが、買い物客が店の前に駐車することを望む店舗もある。だが、このイル川の南側一帯はユネスコの文化遺産に登録された旧市街地区から半径500m内にあり、歴史的建造物が多いので、バトリエ河畔通りも旧市街の一部と見なし、景観の向上と観光資源としての活用を目的として、市は歩行者専用空間化に踏み切った。再整備のテーマは「水との親和性（川辺を活かす）と歴史的価値の再発見」であった。

市は市民に対して、バトリエ河畔通りは1900年代には車の通行がなく、歩行者と路面電車が行き交う空間であったことを伝える写真を再整備工事の現場に掲示していた（写真3）。さらに、歩行者

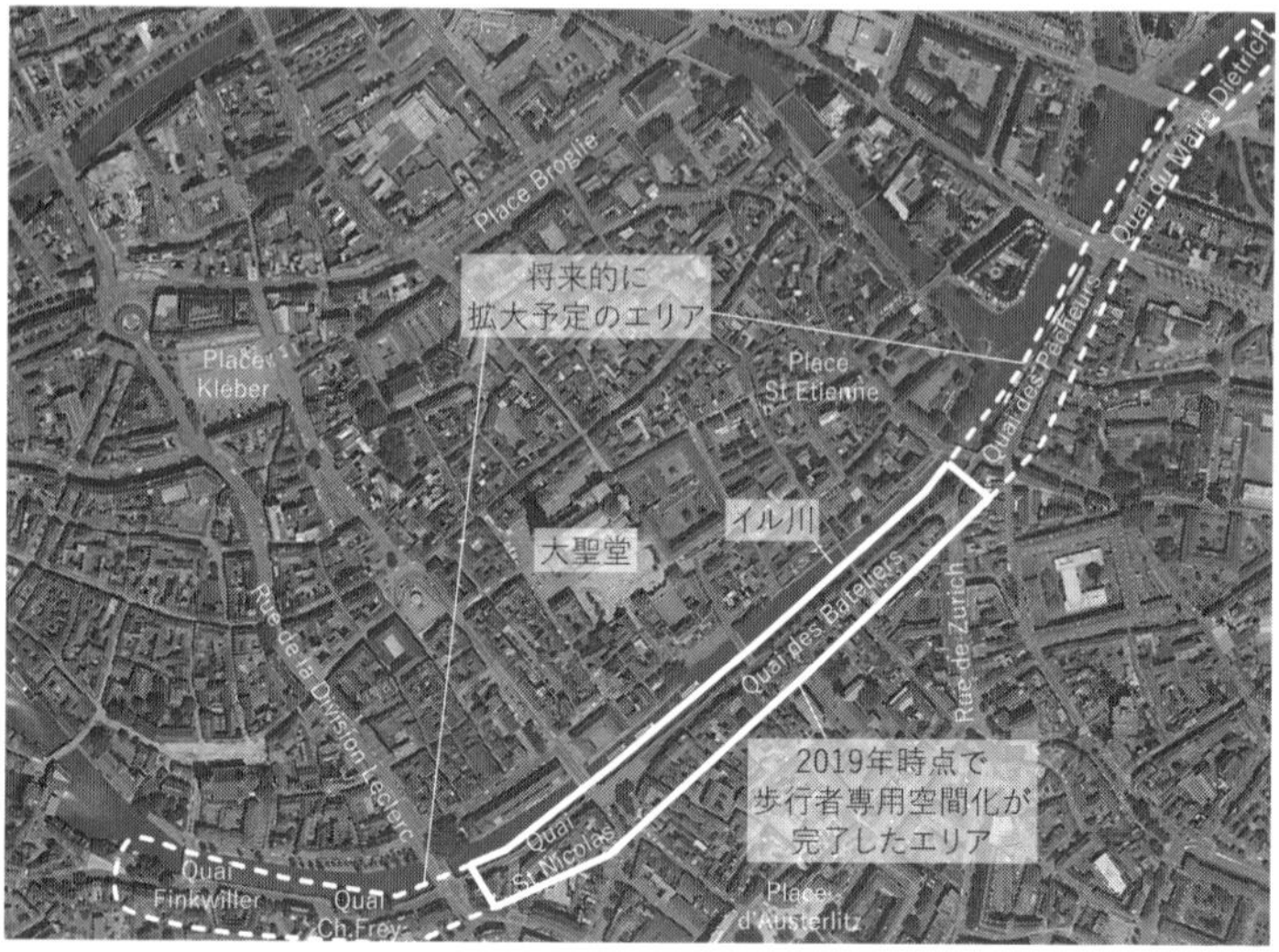

図1　2019年に実線枠のエリアが歩行者専用空間になったが、将来的には破線枠のエリアにまで拡大する予定（出典：©Eurométropole de Strasbourg の図をもとに筆者作成）

写真2　2019年に歩行者専用空間化されたイル川南側のバトリエ河畔通り。かつてこの空間には車道が2車線あり、路線バスも走行していた

写真3　バトリエ河畔通りの工事現場に設置されたパネルには、車が通行していなかった1900年代の河畔景観の写真が掲載された

写真4　歩行者空間化されたバトリエ河畔通りの対面側（西側）の道路。バトリエ河畔通りも、整備以前はこの写真のような道路であった

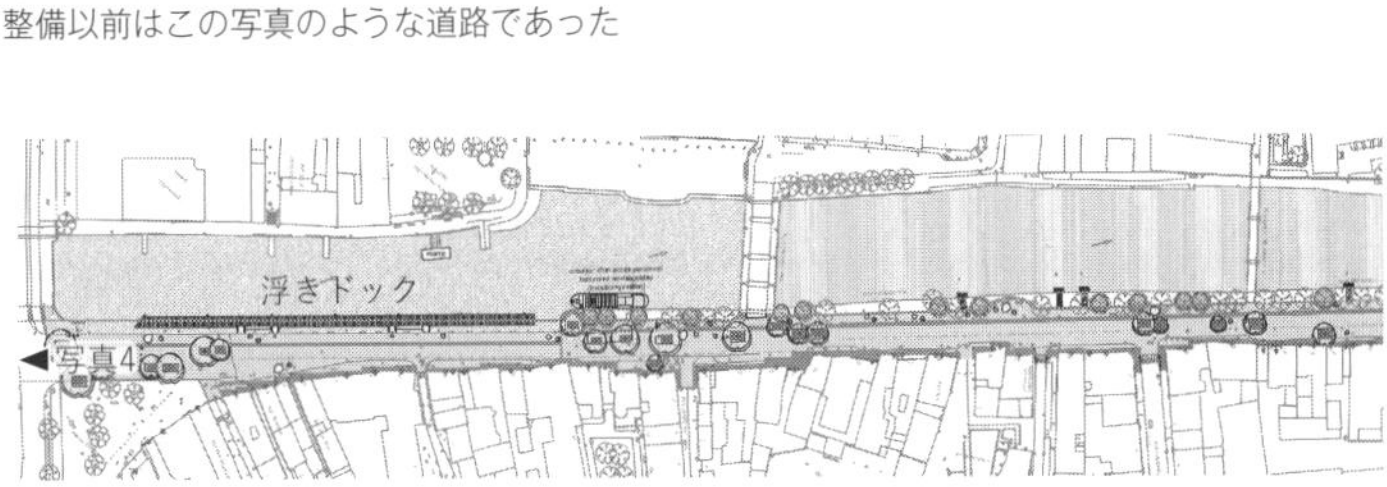

図2　バトリエ河畔通りの再整備計画案（当時）（出典：©Atelier Alfred Peter の図に筆者加筆）

写真5　イル川の浮きドック

専用空間化により、歴史的建造物が注目されるようになり、このエリアの価値をより高めることにつながると伝えている。これは、パリのセーヌ河畔道路の歩行者空間化と同じ考え方である。

バトリエ河畔通りの2車線には、1日に7千〜1万5千台の車と通行頻度の高い路線バスが走行していた。歩道は狭く、自転車専用道路もなく、歩行者や自転車利用者には大変不便な幹線道路でもあった（写真4）。その道路を全面的に歩行者空間化して、路線バスはより南側に位置する道路に迂回させた。現在では1日の通行自動車が500台くらいに減った。そして水辺を活かすために、2018年7月に人口埠頭（浮きドック）をイル川に浮かべ（図2、写真5）、歩行者空間からアクセスできるようにした。夏の夕方には、ここに人が集まり憩う姿が見られる。

バトリエ河畔通りの再整備プロジェクトのデザインは、ストラスブールで1990年代からLRT路線沿いの景観形成を担当してきた、建築家アルフレッド・ペーター★の事務所によるものだが、事業主体はユーロメトロポール・ストラスブールとストラスブール市で、整備コストはメトロポールが334万ユーロ（約4億6700万円）、ストラスブール市が144万ユーロ（約2億1600万円）を負担している。

マルセイユ：アートや博物館を新設し、散歩道を整備

地中海に面したマルセイユ市（人口87万人）では4万㎡を歩行者空間化することが計画され、

２０２２年現在、中心市街地に歩行者専用空間あるいはトランジットモールが整備されている（14頁下写真）。中心市街地にある旧港前広場はかつては車で混雑していたが、今では歩行者専用道路が車道に沿って整備された（図３）。

マルセイユ市は、欧州文化都市に選出された２０１３年に、旧港に建築事務所フォスター＆パートナーズ★と都市景観建築家ミシェル・デヴィーニュ★がデザインした巨大な鏡天井のアート作品を設置した。この「日傘」と呼ばれるＳＦデザイン的な巨大鏡天井は、地上６ｍの高さに22×48ｍの反射天井を形成する巨大なシェルターで、屋根にはビーズブラスト加工された１２０枚のステンレスパネル、反射する天井にはミラーポリッシュ加工されたステンレスパネルを使用し、通行人や観光客を映し出す（14頁上写真）。旧港から地中海に浮かぶイフ島などに向かう船の出航を待つ観光客も、地中海の強い紫外線から逃れて日傘の下で待つことができ、鏡天井の下で踊るラッパーやヒップホップの若者を眺める風景がすっかり定着した。

マルセイユ市は、２０１３年にヨーロッパ地中海文明博物館を海辺に新設し（写真６）、旧港から博物館までの約１・３㎞の歩行者専用道路を整備した（写真７）。２０２０年からは７月８日〜８月28日の間、旧港に沿う車道への車の乗り入れを禁止して、「マルセイユの夏」と銘打った歩行者天国を展開し、パリ・ビーチ（１章参照）のように、日光浴場、ピクニックテーブル、子供用ゲーム、スプリンクラー、植栽パークなどを設置した（写真８）。このように、水辺の活用は常に歩行者専用空間の整備と連携して実行されている。

図3　マルセイユ市が2017年に発表した、将来の歩行者専用空間化計画図（出典：Ville de Marseille の図に筆者加筆）

写真6　ヨーロッパ地中海文明博物館前の広々とした歩行者空間。駐車場は地下に整備されている

上：写真7　ヨーロッパ地中海文明博物館の渡り廊下からサンジャン要塞を通り、旧港沿いの歩行者専用道路に続くコースは、ため息が出るほど美しい
下：写真8　旧港に向かう車道は夏季限定で歩行者天国になる（出典：©Ville de Marseille）

ニース：中心市街地を潤すウォーターガーデン

世界中から観光客が訪れるニース市（人口約34万人）では、中心市街地にＬＲＴを２系統整備し、中心部のマセナ広場の地下に４００台近い駐車場を設けることで、自動車通行を排除した。この歴史的な広場の歩行者空間化には20年近くを要したが、現在ではＬＲＴが横断する広場を歩行者と自転車利用者がゆったりと移動している（写真９、10）。

ＬＲＴ沿線に現代アート作品を設置する試みの一環として、マセナ広場には地上10ｍほどの高さに７体の白い樹脂製の像を戴く作品「シッティング・タトゥー」が設置されている。さらに、夜間は光の演出によって、これらの半透明の像がさまざまな色に発光するイルミネーションが施される（15頁下写真）。このアート作品は、シカゴのミレニアムパークにある「クラウン・ファウンテン」の設計者としても知られるカタルーニャの彫刻家、ジャウメ・プレンサ氏★が制作した。フランスの地方都市では、中心市街地の歩行者専用空間化に伴って、人目を引くアート作品を設置することも大きな特徴である。

マセナ広場を起点として、東方向に市民の憩いの場が広がる。２０１３年に完成した３千㎡のウォーターガーデンにある「水の鏡」には、噴水拠点が１２８カ所設置され、１４００㎡のフォグプラットフォーム（水の霧が噴き出すミスト状の噴水を設置した路面）を装備した。夏の暑い日の午後には多くの家族連れで賑わう（写真11）。「水の鏡」には、プロムナード・デ・パイヨン★と呼ば

上・中：写真9　1970年代のマセナ広場（上）、LRTが横断する現在の広場では年中イベントが開催される（下）（出典：©Ville de Nice）
下：写真10　現在のマセナ広場を横切るコミュニティサイクルと歩行者

上：写真 11　ニースの中心市街地のウォーターガーデン
中：写真 12　ボルドーの「水の鏡」は、ブルス広場と岸壁を映しだす浅い水盤。架線レスのLRT車両と水盤の間にある停留所は、ベンチが設置されているだけで駅の施設はない
下：写真 13　ナントのウォーターミストガーデンは、隣接するブルターニュ公爵の城や沿道を走行する LRT を映しだす（出典：©Ville de Nantes）

れる12haの広大な児童公園が続く。観光地ニースの一等地は商業施設ばかりだけでなく、公共都市空間としてグリーンスペースも確保している。

フォグプラットフォームを装備した公園はフランス人の評価が高いようで、2006年にはボルドー市が、同じく「水の鏡」という名称で、表面積3450m²、地下貯水量800m³と世界最大規模を誇るウォーターガーデンを導入している（写真12）。ナント市でも2015年に中心市街地の1300m²の敷地に同じタイプのウォーターミストガーデンをつくっている（写真13）。

パリやニース、マルセイユ、ストラスブールは、特に都市構造を変えなくても観光客が絶えず訪れる京都のような、欧州では大人気の観光地である。そんな都市であっても、あえて車の進入を規制し歩行者専用空間エリアを増加させ、ウォーカブルシティ化を進めている。観光ハイシーズンの夏には気温が35℃くらいになるので、日本ならばクーラーを利かせた車で観光したいという観光客の意向を考慮してしまうだろう。一方、フランスでは観光客にとにかく歩いて街を回ってもらおうと誘導する。なぜ、フランスでは歩ける都心、歩きたくなるような都市が実現できるのか、その方法論と背景については3節で紹介する。

２

ラ・ロシェル：70年代から取り組むカーフリーの発祥地

人口の少ない地方都市でも早くからウォーカブルな水辺開発に取り組んできた。人口７万５千人のラ・ロシェル市★は、１９９２年に世界で初めてカーフリーデーを実施した発祥地として有名だ。カーフリーデーは、今ではヨーロッパを中心に毎年９月22日に行われる、街の中心部でマイカーを使う代わりに公共交通や徒歩・自転車で移動することを啓発する社会イベントである。各都市で市民に対して交通や環境についてのシンポジウムや展示会が行われ、２０２２年もパリやナントなどで開催された。

１９７１年から28年間、ラ・ロシェル市長を務めたミシェル・クレポー★氏は元弁護士だが、環境・交通分野で時代に先駆けた都市づくりを実行した。世の中が「開発」一色だった時代の１９７３年に、海岸線を守るために海辺での建物の建設を一切禁じ、１９７５年からシェアサイクルを４００台整備した（写真14）。パリがシェアサイクル事業の「ベリヴ」を整備したのはその30年後である。クレポー氏は１９８１年から２年間フランス政府の環境大臣も兼任し、１９８２年に制定されたフランス国内交通基本法（loi n° 82-1153 du 30 décembre 1982 d'orientation des transports intérieurs）の成立にも関与した。

写真14　230㎞の自転車専用道路が整備されたラ・ロシェルの中心市街地では、シェアサイクルや個人所有の自転車が１日中絶えることがない

１９９３年からは電気自動車を導入し、２０２２年には水素エネルギーの路線バスも運行するなど、常に斬新なモビリティ手段を導入してきた。だが、何よりもラ・ロシェル市を特徴づけるのは、ウォーカブルな空間が多い中心市街地の風景である（写真15、16）。

このようなモビリティを包括した都市政策は、ラ・ロシェル市と周辺の28の自治体で構成する人口17万人、面積３２７㎢の広域自治体連合（５章参照）が実行している。２０２０年の広域自治体連合の交通に関する経常予算（将来のモビリティ投資予算は含まない）は３５００万ユーロ（約49億円）で、19本のバス路線、１千台のシェアサイクル、45台のシェアカー、旧港の東西の岸を結ぶ水上バス船４隻、五つのパークアンドライド駐車場の管理、オンデマンド交通などを管理している。これらの政策は、中心市街地への車の進入台数を減らして、環境対策とともに市街地をウォーカブルな空間にして賑わいをもたらすことを目的としている。

上：写真 15　2012 年のラ・ロシェルの旧港前のデュペレ河岸通り★。2 車線道路に 1 日 3 万台の交通量があった（出典：©Julien.Chauvet/Ville de La Rochelle）
下：写真 16　2022 年のデュペレ河岸通り。2015 年に、路線バスと社会サービス車（救急車等）用の 1 車線を除いては、歩行者空間と自転車道路に整備された。商店への搬出入車は午前 6 ～ 11 時の間だけ道路に進入できる（出典：運輸総合研究所）

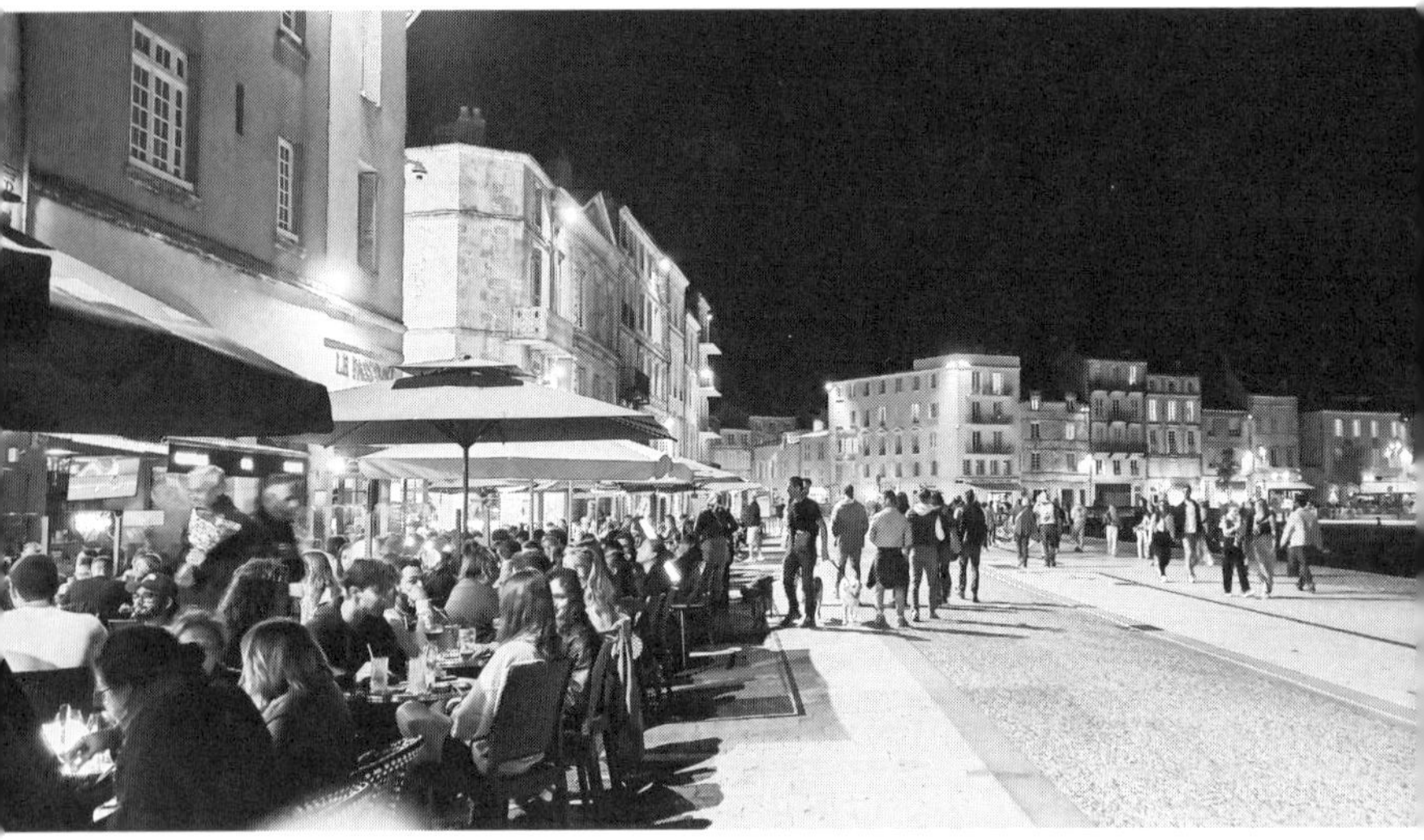

上：写真 17　中心市街地の至る所に整備された車の進入を禁止するボラード
下：写真 18　観光都市とはいえ人口 7 万 5 千人の街の 9 月の夜の賑わい

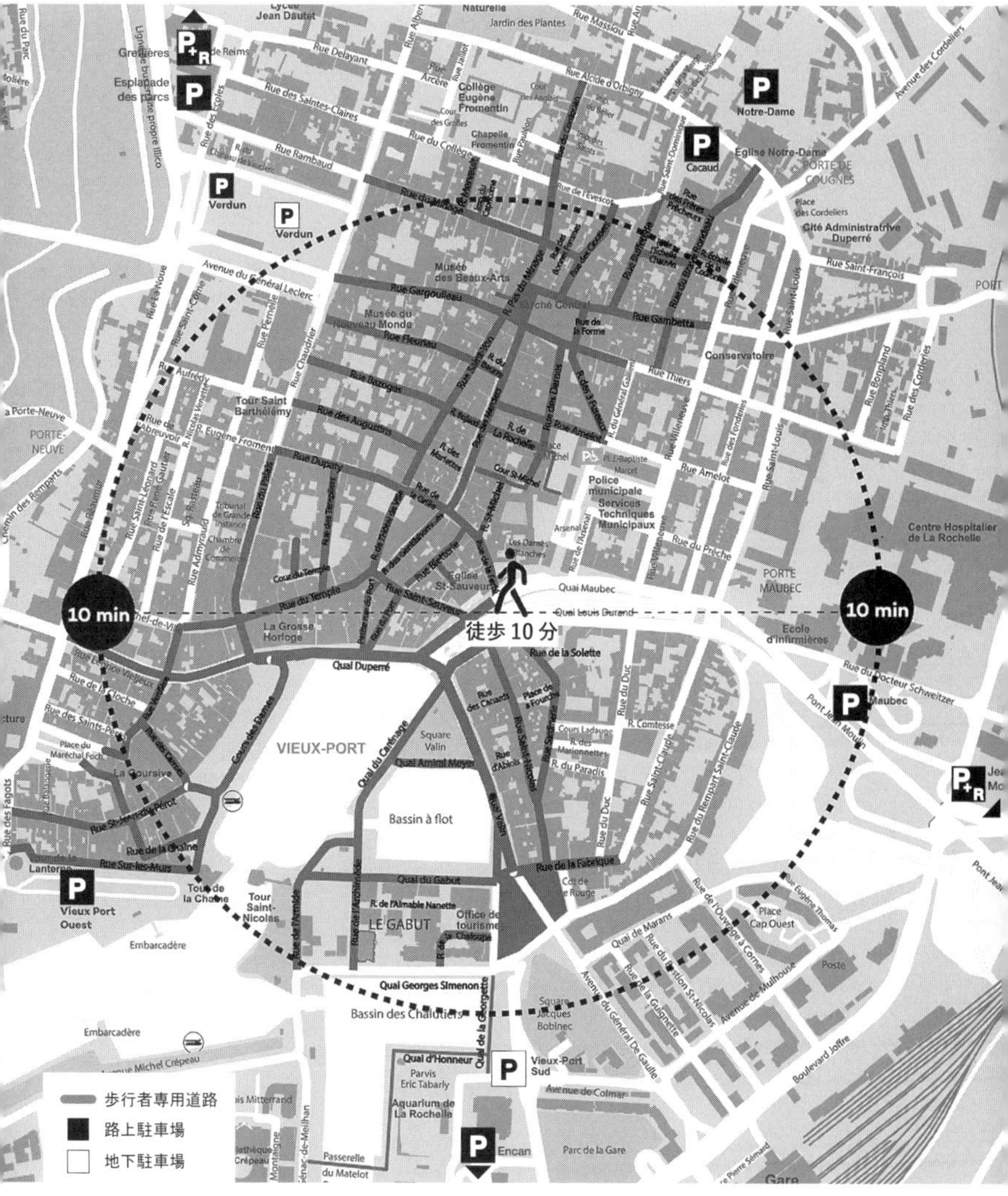

図 4　ラ・ロシェルの中心市街地の歩行者専用空間（道路に通り名が記載された部分）
（出典：Ville de La Rochelle の図に筆者加筆）

ラ・ロシェル市は水辺を活かすために、車が進入できないようにボラードを100本近く設置して（写真17）、旧港前道路を中心とするエリアの歩行者専用空間化を徹底させた（図4）。観光のハイシーズン以外の平日でも歩行者専用空間での人出は多く、旧港付近のバーやレストランは観光客だけでなく住民や学生で賑わっている（写真18）。

市の発表では、その他28・43㎢のエリアで、時速30㎞制限の道路を整備するなどの歩行者優先空間化を、6万5644ユーロ（約919万円）で実現した。小さな自治体でも、エリアごとに低予算で簡単な取り組みから歩行者優先対策を実現しているのがフランスの地方都市である。だが、車を利用しない場合の代替手段としての公共交通などの整備がなければ、歩行者専用空間は成り立たない。その時に必要なのは、「どのような街をつくりたいのか」という共通のビジョンを、首長・議会・行政が市民と共有することであろう。

3 歩きたくなる都市を実現できる背景

最優先される歩行者の安全

フランスの都市では中心市街地における自動車通行の抑制を進めているが、決して車への依存度が低いわけではない。総務省統計局[*1]によると、人口1千人あたりの四輪車保有台数は、フランスが585台、日本が609台とほとんど変わらない。それにもかかわらず、中心市街地への車の進入禁止を進め、時速30㎞や20㎞に制限するゾーンの整備を後押ししたのは、「自動車の走行速度の減速が歩行者を守る」ということを、徒歩や自転車で移動する市民が共有していたからだと考えられる。行政機関であるフランス防災・環境・モビリティ・都市整備専門研究所[★]（以下、CEREMA）の調査、発表でもこの点は強調されている。CEREMAは都市整備やモビリティに関する研究を行っており、フランスのエコロジー移行省（Ministère de la Transition écologique）の交通局や地方自治体の交通局とも人事交流がある。

本書ではモビリティに関する数字はCEREMAやエコロジー移行省発表のものを採用している。エコロジー移行省は、約4万人の巨大な官庁で、インフラ・運輸・海洋総局、エネルギー・気候総局、海洋局、航空局、都市整備・住宅・自然総局、防災総局、地方自治体総局などを含む。2007年に国交省と環境省の合併があり、交通も住宅も環境というフレームの中で管轄されるようになった。フランスの省編成は内閣が変わるごとに名称やその構成が変更される。2022年7月の組閣後は「エコロジー移行・地域結束省」となったが、本書では、エコロジー移行省と言う。

■歩行者・自転車利用者の事故が少ないフランス

世界的に見ると、道路上での交通事故死者の22％が歩行者であるが[*2]、内閣府の発表では、日本の

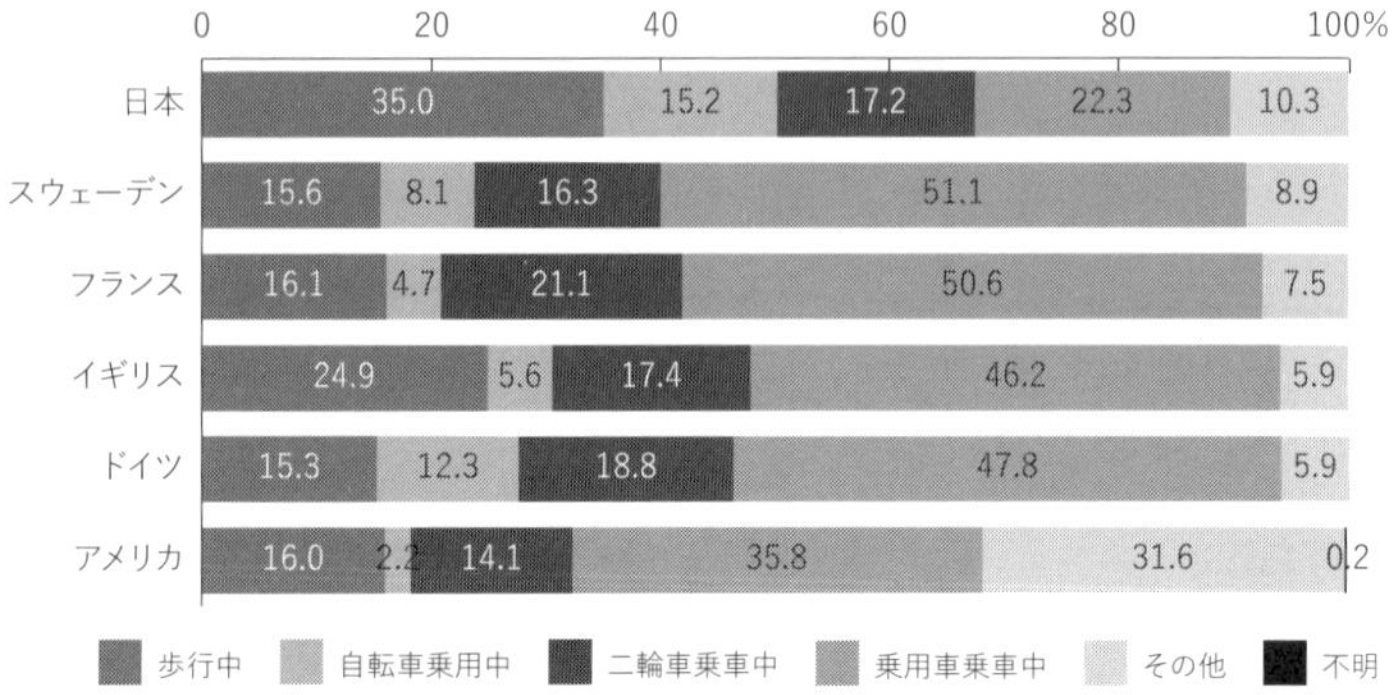

図5　2016年の日本と欧米諸国の状態別交通事故死者数の構成率
（出典：内閣府の図をもとに筆者作成、元出典：国際道路交通事故データベース（IRTAD））

交通事故死者の35%が自動車と接触した歩行者である（図5）。この割合は先進国の中でも突出して高く、自転車利用者の死者を合わせると50%に達する。一方、フランスでは歩行者・自転車利用者を合わせた死者は、交通事故死者全体の20・8%である。

西欧諸国では歩行者が存在する道路には必ず車道と歩道の区別があり、歩道分離塗装だけでなく、一段高い専用歩道かガードレールを整備して安全性を確保している。フランスでは２０１８年から道路交通法（Code de la route R415-11）により、歩行者が道路を横断する明らかな意思表示をした場合は、ドライバーは停止しなければ１３５ユーロ（約１万８９００円）の罰金と、免許持ち点が半減されるようになった。この規制は、「ドライバーは自動車という器で保護されているので、道路上でより弱い状況に置かれる歩行者を守る」という意図で制定された。道路は車だけの空間ではないという考えもその背景にある。信号や横断歩道がなくても、歩行者が横断しようとする姿を見ればド

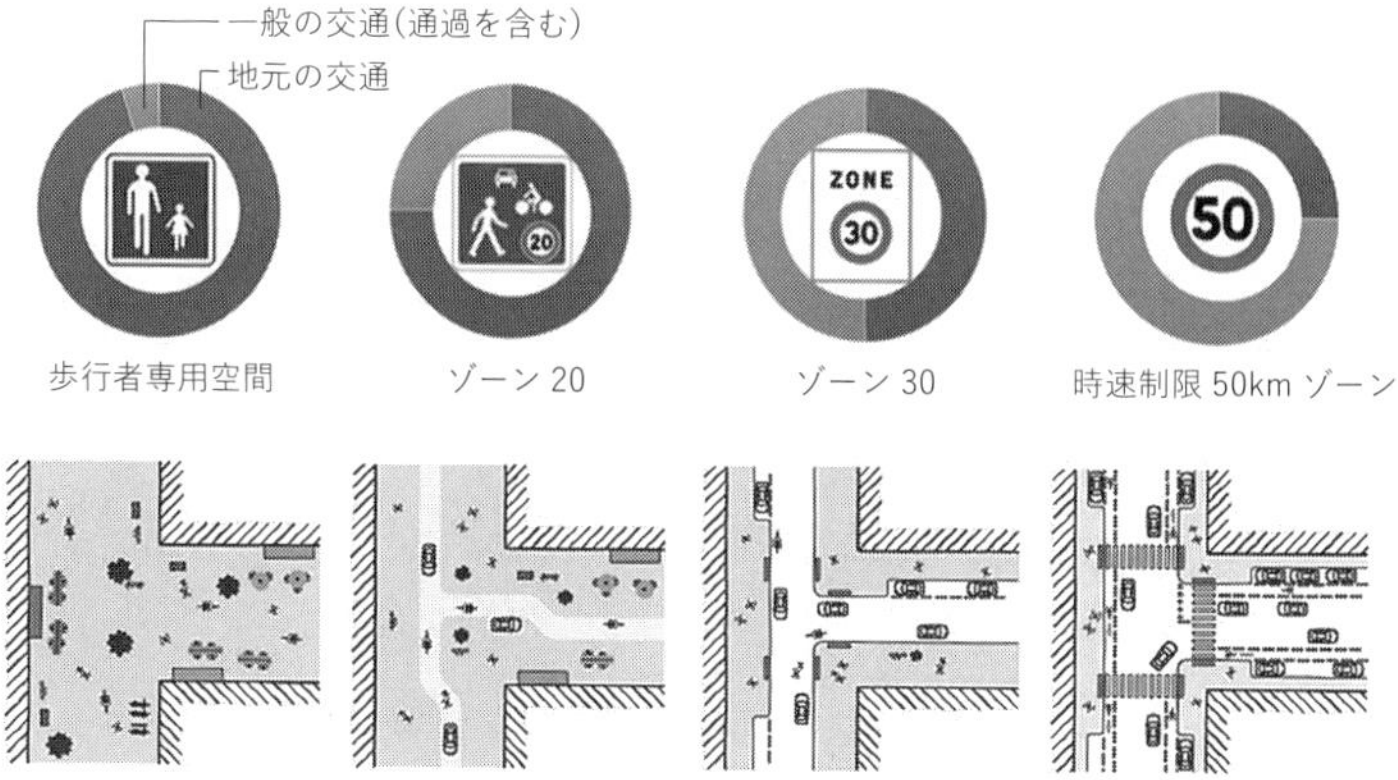

図6　車の進入・速度制限の表示の一例（出典：CEREMA の図に筆者加筆）

ライバーは必ず停止するのは、フランスに住んでいる筆者の実感でもある。

　フランスの２０２０年の自転車利用者の事故数６２５６件が、日本の２０２０年の６万７６７３件と比較して桁違いに少ないのは、２０１８年に全国で１万５１２０kmの自転車専用道路が整備されたことも、無関係ではないと考えられる（２０２２年現在、１万８８４８km）。２０２１年のフランスでの自転車利用者の事故死者数は２２７名、日本は５７２名（２０１５年）であった。フランスの人口は現在約６８００万人、日本の約半分である。

■フランスでゾーン20が歓迎される理由

　フランスではウォーカブルな空間の創出には、まず自動車通行の制御が必要で、その実現のためのツールとして、歩行者専用空間やゾーン30・ゾーン20の速度制限を導入してきた（図６）。歩行者専用空間は観光都市ですでに

交通手段 / 目的	徒歩	自転車	公共交通	バイクスクーター	自転車	合計※
通勤	10.7%	1.9%	9.2%	2.5%	75.8%	100%
通学	32.1%	3.3%	26.9%	1.2%	26.5%	100%
買い物	27.4%	2.4%	3.5%	0.8%	65.8%	100%
訪問	20.5%	3.5%	4.0%	4.0%	68.1%	100%
スポーツ	48.1%	7.4%	4.3%	0.7%	39.6%	100%
その他	23.5%	1.7%	4.7%	0.9%	69.1%	100%
全体	23.1%	2.6%	8.3%	1.6%	64.3%	100%

※合計が100にならない場合もあるが、出典の発表のままとしている。

表1　フランス人の移動の目的
（出典：Ministère de la Transition écologiqueが2007～08年に実施した移動国勢調査をもとに筆者作成）

1970年代から導入された。1990年代に道路交通法の政令が策定され、コミューンの中心部で車の速度を時速30kmに制限するゾーン30の導入が普及し始めた。そしてより安全に街を歩くために生まれたのが、車の速度を20kmに制限するゾーン20で、車道を歩いていても歩行者が優先される。フランスでは、このゾーン20を、交通量が抑制された、人間と人間が触れあうことのできる都市空間であるとして「交流ゾーン（Zone de rencontre)」とも呼ぶ。

ゾーン20は道路法のいくつかの条文で規定されているが、都市でのゾーン20の実装に関する各種規制を策定したのは、2008年の道路交通法改正に伴う政令である。道路法（Code de la voirie routière）は、国や州、地方自治体などの公道に適用される規定をまとめたもので、道路交通法は、道路を走る車両に適用される法律である。政令とは憲法によって行政権に留保された権限の一部で（行政立法）、立法権から発せられる法律とは異なり、大統領または首相から発せられる。

なぜフランスではゾーン20の整備を進めるのか。オンラインショッピングの増加に見る消費行動の変化、人口の高齢化、単身世帯の増加などの社会の変化は世界的な傾向だが、フランスでは、ＩＮＳＥＥによると、日常の食料品の約7割はスーパーなどの大型小売店舗で購入している。一方で、バゲットを近隣のベーカリーショップで購入している人は約65％にものぼる。徒歩圏内の生活者が多いパリ市内ではもっと高い割合になるだろう。徒歩での移動の動機としては、健康のためのスポーツ、通学に次いで、近隣商店での買い物が3番目に挙げられる（表1）。

商店主や消費者から寄せられる要求は多い。テラスの有効利用、道路を自由に横断してウィンドウショッピングができる空間整備、安全に買い物ができる街路、商店から近い駐車場の整備…。そういった多様なリクエストに答えるために生まれたのが、ゾーン20である。２０１０年代から整備が目立つようになったゾーン20は常に増え続けているので、現在の正確な数値を知るのは困難だが、フランスに在住している筆者が確認したところ、ほとんどすべてのコミューンの中心市街地にはゾーン20が見られる。パリやストラスブールのような大都市では市内に複数のゾーン20が整備された。交通量の多い中心部などが整備の対象となりやすい。２０２２年にはゾーン15のパネルも見られるようになった（写真19）。

写真19　歩行者優先を訴える、パリのゾーン15の標識

オランダのボンエルフ（生活の庭）のような、沿線住民のみが自動車移動に利用する、住宅地に整備された道路空間とは異なり、フランスのゾーン20の70％は中心市街地の商店街に整備されている。*3そのため、フランスのゾーン20は、日本の国土交通省が定義する「車よりも自転車や歩行者の通行が多い道路で、車道幅員5・5m未満の生活道路」とも異なる。日本でも京都市の観光客が多い三条通り界隈で、ゾーン20と同様の取り組みが行われているようだ。

環境問題への高い意識

このように車の速度制限が受け入れられる背景には、国民の環境保全意識の高さがある。Media Climats 2020の調査によると、2000年代以降は市民の間で地球温暖化に対する関心が高まり、2019年にはテレビ、新聞・雑誌、ラジオを含むメディアの約2割を、地球温暖化などの環境関連ニュースが占めた。メディアによって、頻繁に森林消滅、北極・南極の氷河後退、海洋汚染、動物の絶滅などの環境問題が報道されると、国民に与える影響は大きい。日本のニュース番組で環境問題がほとんど報じられないのと対照的である。コロナ禍以前は、フランス人の最も関心が高いテーマは環境問題であった、というアンケート結果もあった。「温室効果ガスの排出源の3割が交通であり、その半分が自家用車から」という情報も頻繁に紹介され（図7）、自動車の排気ガスを減らすために車の利用を控える青年層も見られる。公共交通が発達したパリ首都圏では、18〜24歳の半分、地方

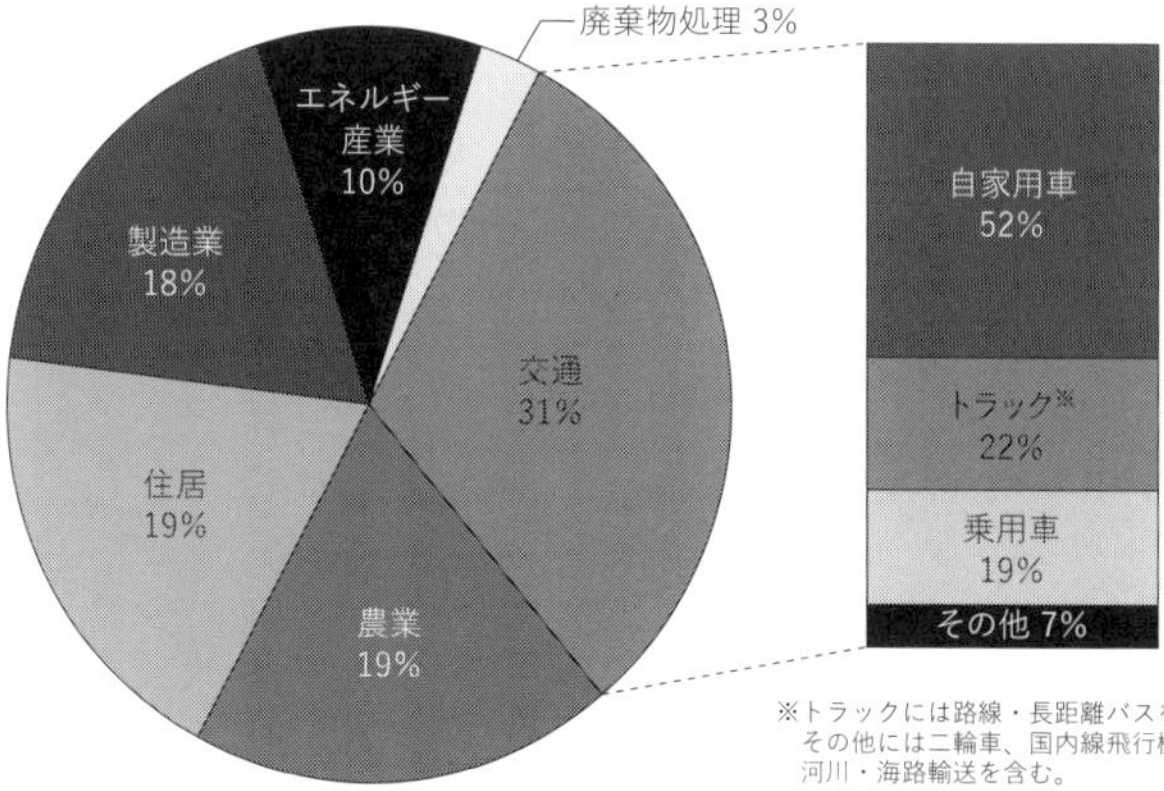

※トラックには路線・長距離バスを含む。
その他には二輪車、国内線飛行機、鉄道、河川・海路輸送を含む。

図7　フランス国内における温室効果ガスの排出源（2018年）
（出典：Ministère de la Transition écologique の資料をもとに筆者作成）

都市では65%が自動車の運転免許を取得している。[*4] 近年、車は所有せず必要な時だけ利用したいという考え方が広がり、カーシェアリングが急速に普及した。

都心の駐車問題や車の進入抑制は政治家の選挙の大きな争点にもなるが、2020年6月の統一地方選挙では、環境保全を重視する緑の党★からの新しい候補者たちが、ストラスブール、ボルドー、リヨンなどの主要な地方都市の市長に当選し、新しい時代を感じさせた。

道路と交通を管轄するのは自治体

制度面では、道路空間の再配分において、道路の交通管理者が警察ではなく、自治体の管轄であることも、道路再配分が進む背景の一つである（図8）。フランスの道路交通量全体の66%を占める県道や自治体道路（日本でいう市町村道）は、行政の最小単位であるコミューンや広域自治体連合が管轄する。地域の交通安全等を担当す

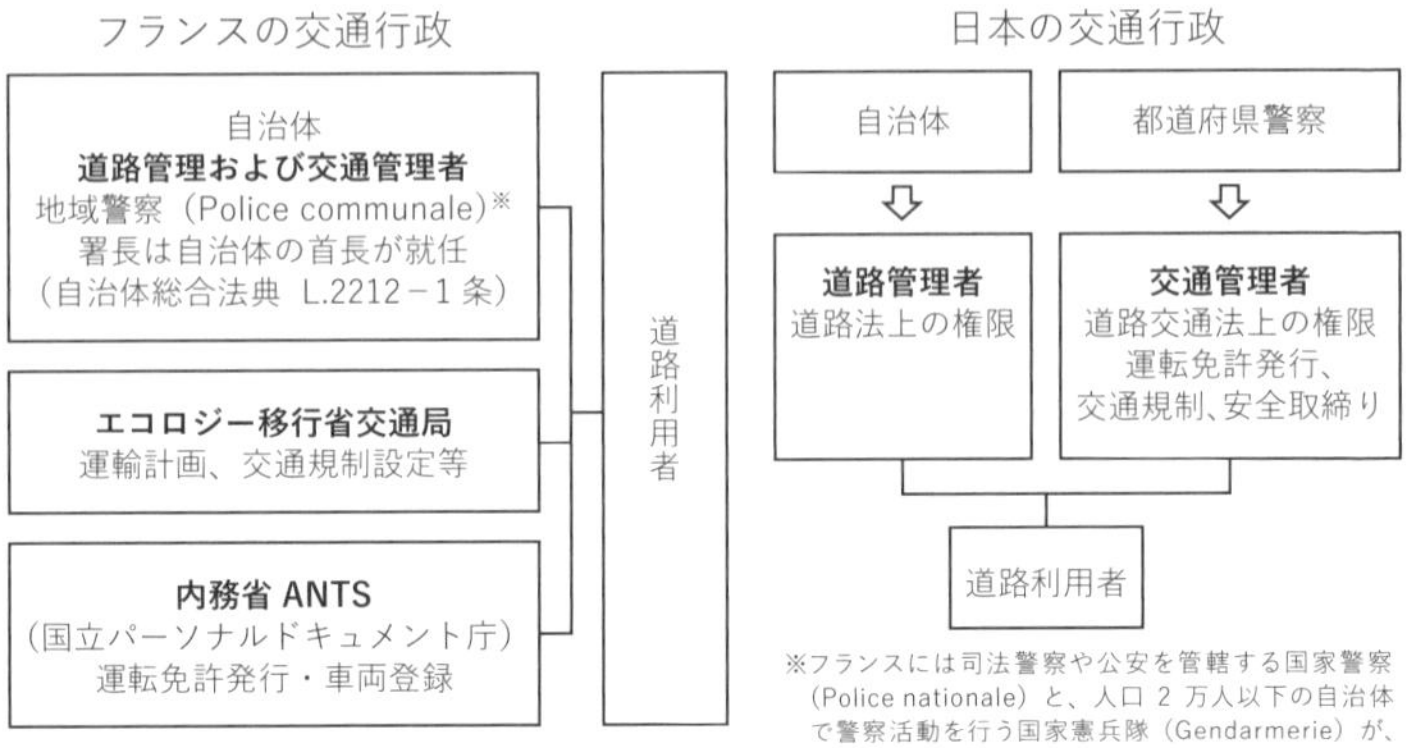

※フランスには司法警察や公安を管轄する国家警察（Police nationale）と、人口 2 万人以下の自治体で警察活動を行う国家憲兵隊（Gendarmerie）が、別に存在する

図 8　フランスの道路と交通管理は自治体が担う

写真 20　路肩駐車場に設けられたパリのオープンテラス（2021 年秋）

る警察のトップは、都市計画策定の最高責任者でもある首長である。そのため歩行者を優先する制度（ゾーン30や歩行者専用空間など）は、通行管理上の政策としてではなく、自治体の「都市計画」という大きなスキームの中の政策として決定されてきた。

地方自治体総合法典（CGCT:Code général des collectivités territoriales）では、都市の広場などの公共空間を対象にした利用権と使用料金の設定と徴収権は、自治体の権限と定めている。街の路上駐車場を利用した朝市や、年間を通して市内の公共空間の至る所で企画される多様なイベントに対しても自治体に裁量権がある。日本のように、道路使用許可申請は警察に、道路占用許可申請は道路管理者（自治体）にという手続きを行う必要がなく、フランスでは自治体で手続きができる。

行政の「公共空間管理課」や「緑地課」などが、広場、公園、舗道スペースのイベント、カフェ、朝市などへの利用を管理する。カフェやレストランが公共空間である沿道を利用する料金は都市により異なり、パリ市でも1㎡あたり18ユーロ（約２５２０円）から１０４ユーロ（約1万４５６０円）と幅がある。特に２０２０年以降はコロナ対策として、道路空間や広場にカフェやレストランのテーブル席を設けるスペースが増えた（写真20）。コロナの影響がもはや見られなくなった２０２３年でも、かつては路肩駐車場であったパークレットスペースが、そのまま飲食店の椅子席になっているところもある。

フランスの自治体は、交通計画と都市計画を策定し、交通工学者や都市デザイナーを職員として抱えている場合が多い。また、都市空間の再編を行うにあたって社会実験を行う必要がない。たとえばＬＲＴ軌道の整備に伴う歩行者専用空間の工事中に、自治体が自動車の迂回道路を設定する。

その工事期間に、ドライバーたちは、「今までのようにメインストリートにはもう進入できないのだ」ということを体得する。

一方、日本では自治体が社会実験を行う際の警察との交渉もハードルが高いこともあり、自動車の迂回道路を策定する場合、非常に詳細な交通量推計調査が必要とされる。自動車交通への影響検証も求められる。しかし、そうした現状調査では、「道路をどうしたいのか?」という観点が抜けてしまうのではないだろうか。

フランスでは都市計画策定前に非常に綿密な現状分析調査を行うが(5章参照)、現在の道路利用を元にした将来の推計調査は重視しない。CEREMAの研究者にその理由を尋ねたところ、「道路をこうしたい、というビジョンがまずあって、それに従って具体的な措置をとる。ユーザーが利用する移動手段は供給によって変化する。今の交通状態から将来を推計してそれを元に道路設計をすれば、車道ばかりが必要になる(誘発需要)。発想の順番が逆ではないか?」という返答であった。つまり、現状からの推計によって計画するのではなく、まずビジョンを確立してから新しい道路設計に基づいた交通量などの推計を行い、計画を策定しているのだ。

4 車とどのように共存するか

地方都市で活用されるパークアンドライドとボラード

歩行者専用空間を整備するためには車との共存が必要である。フランスの地方都市ではＬＲＴやＢＲＴなどは中心市街地から乗車時間約30分で終点に着き、その先の農村地帯ではバス路線はあっても運行頻度は少なく、車がなければ移動は難しい。それがパリ首都圏以外の地方の実情だ。そのため、自動車利用の便宜も図りつつも生活スタイルを見直し、中心市街地のある一定区域から通過交通を締め出す工夫を行い、自治体は多様な公共交通手段を導入してきた。都会ほど公共交通が充実していない地方都市の中心市街地において、車の進入を規制した場合、どのように車との共存を図っているのだろうか。

郊外や農村地帯から中心市街地にアクセスする車利用者のために普及したのが、市街地外縁部に整備された大型駐車場でのパークアンドライドで、フランスでは一般的に「Ｐ＋Ｒ」と言う。車利用者はＰ＋Ｒで駐車して、公共交通で中心市街地にアクセスする（図９）。Ｐ＋Ｒの駐車料金と中心市街地までの公共交通料金の合計金額を、中心市街地の駐車料金よりも安く設定することが重要である。マルセイユ、ナント、グルノーブル、ダンケルク、アンジェなどは、Ｐ＋Ｒの駐車料金を無料に設定した。

経済的なインセンティブがなければ、車から公共交通への乗り換えは難しいと思われる。車でも中心市街地までアクセスできるように、都心部には収容性の高い地下駐車場や立体駐車場を設け、

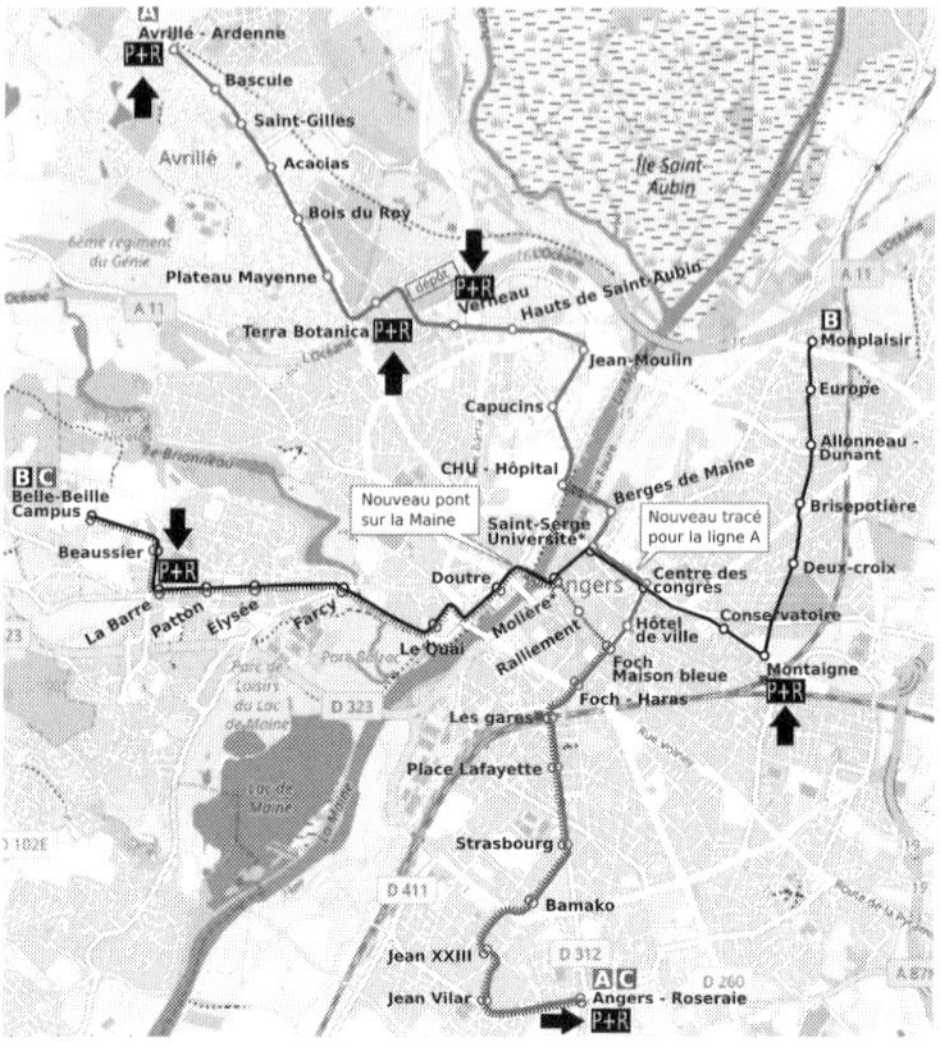

図9　LRTの終点駅に掲示されている、アンジェのパークアンドライドの位置図
（出典：Angers Loire Métropole）

都心部に近づくほど駐車料金を高く設定する自治体も多い。一方的な車の進入禁止を課すのではなく、駐車場所によって駐車料金を調整し、できるだけ都心に車を進入させない工夫をしている。

駐車関連業全国連盟★（ＦＮＭＳ）によると、フランスの駐車場の約半数が公営であり、自治体がＰ＋Ｒの駐車料金の無料化を含む駐車料金体系を決定できる。たとえば、人口15万人のアンジェ市では２０２０年12月のクリスマス商戦期間に都心部の駐車場料金を無料にした。市場原理に従い民間駐車場の駐車料金も公営のそれに倣うことが多い。

一方、人口規模の少ない自治体で中心市街地に赴く便利な公共交通がない場合は、大型駐車場を村の中心部から少し離れた位置に整備して、中心部へは徒歩での移動を促している（写

上：写真21　人口約500人のモンソロー村★の村役場前の中心広場には、自転車の駐輪場が整備され、歩道は美しく舗装されている。村の入口付近に駐車場が整備され、中心部には徒歩で移動する。住民の自動車のみ進入することができる
下：写真22　ラ・ロシェルのボラード。写真の街路は歩行者空間だが、街路沿いに居住する住民や商業従事者はカードをボラードの右の読み取り機にタッチし、ボラードを埋没させて道路にアクセスする

真21）。小さな村でも中心部に歩行者優先空間が整備されているのは、歩きやすい公共空間を創出して、人の賑わいを求めているからだ。[*5]

歩行者専用空間に進入する緊急車両やタクシーなどの社会的サービスを担う車や商品の搬出入車への対応としては、自動車の進入を規制する浮沈式ボラードが設置される（写真22）。住民などが車を進入させる場合は、予め市役所から支給されたカードを読み取り機械にかざすとボラードが下がる。商品の搬出入のために、午前5〜11時（あるいは19時以降など）はボラードを下げたままの都市が多い。フランスの中心市街地では、ボラードのない広場や街路は珍しいくらい普及している。

日本では6都市でソフトボラードが設置されており、新潟市では2カ所にボラードを設置し、17〜22時には歩行者専用空間となる。フランスでは商店が19時に閉店し、それと入れ替わるようにレストランが19時30分から開店する都市が大半だ。したがって、19時以降は街路の人出は少なくなるので、ボラードを地中に埋めて、搬出入車が歩行者空間に進入することが多い。市民がいつ市街地に繰り出すかによって、都市間で歩行者専用空間化される時間帯の設定に違いが出るのが興味深い。

自動車の速度を抑制する仕掛け

フランスでは、車の進入は妨げないが、車のスピードを抑制する仕掛けの設置も盛んで、最も多いのは路面を高くする「ハンプ」である（写真23）。また、ゾーン30に入る前や、児童が利用する

右：写真 23　道路上のハンプとその予告パネル。児童が横断する道路では、ドライバーの注意喚起のために、等身大の人形を設置する自治体もある
左：写真 24　ゾーン 30 の村に入る前の横断歩道。道路を狭くして車のスピードを落とす

右：写真 25　ゾーン 30 の手前に設置された啓蒙レーダー。時速 33 ㎞で走行している車に対して「減速してください」の指示が出ている
左：写真 26　ゾーン 30 進入案内パネルに記入された「ここから中心市街地に入ります。私たちは公共空間をシェアします」というメッセージ

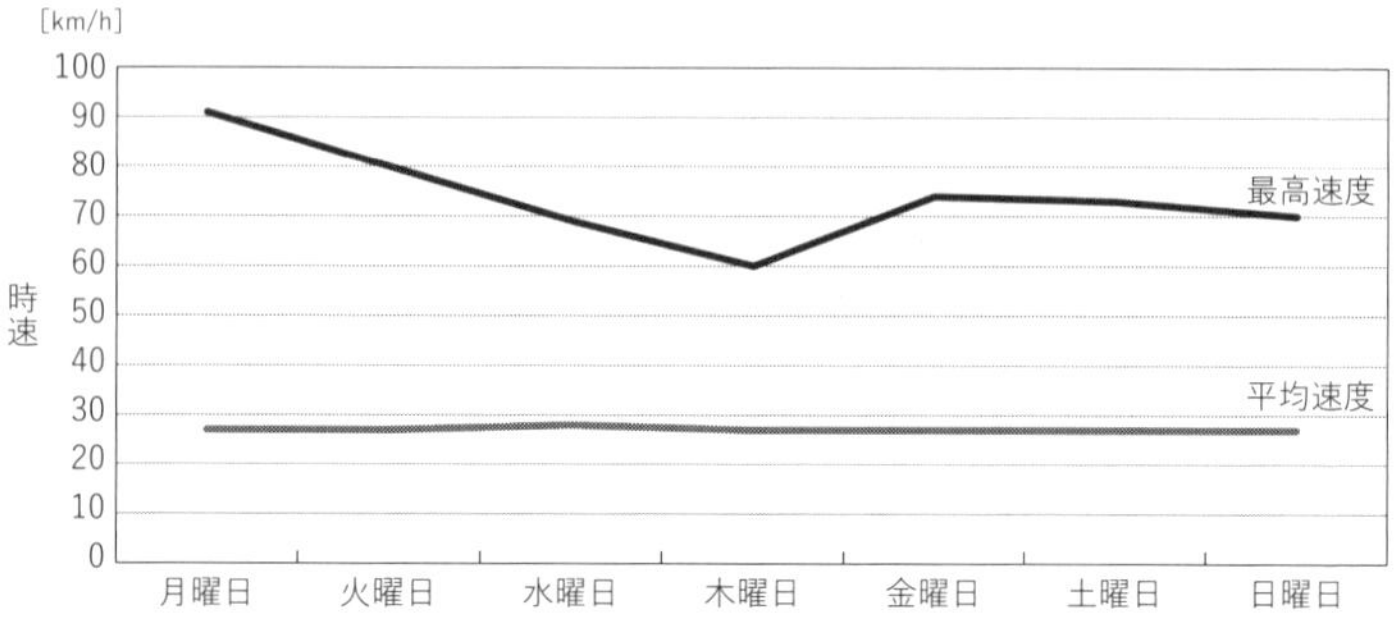

図10　ゾーン30通過車の速度調査の結果（アンジェのシェーブル通り★、2021年2月10日〜3月6日）。ゾーン30を通過した2万3116台のうち33.07％が時速30㎞以上で通過したが、平均速度は時速27㎞であった（出典：Direction Voirie Communautaire Espace Public/Ville d'Angersの図をもとに筆者作成）

横断歩道の前の道路幅を極端に狭くすることで、自動車の速度を抑制している（写真24）。道路を物理的に変えて減速させる仕掛けではないが、コミュニケーションツールとして、ゾーン30に入る前に、運転者の速度が電光掲示板で示される「啓蒙レーダー」（写真25）もある。時速40㎞で走行していれば、赤字でその速度が提示される。他には、ゾーン30進入案内パネルも、市街地への主要な進入拠点で設置されている（写真26）。このような速度制限の標識の掲示、速度制限エリアでの駐車規制、双方向の自転車専用道路の整備などに関する詳細な規則について、国が2008年の政令（前述参照）で規定している。

これらの仕掛けはどの程度効果があるのだろうか。たとえば、アンジェ市におけるゾーン30導入の調査結果によると（図10）、歩行者が少ない時間帯だけでなく、日中でも時速90㎞近くでゾーン30を走行する車もあるが、全体では平均速度は時速35〜40㎞に落ち着いている。最近では、スピード違反の取り締りにポケットレーダーが導入され、シネマメーターとも呼ばれることのハイテク機器は重さ410gで双眼鏡のような形をしている。2022年1月からこの新世代レーダーにより、警察はスピード違反だけでなく、街中や道路でのシートベルト着用や電話の使用もチェックすることができる。

ライドシェア（相乗りシステム）の発達

フランスでは、中心市街地への車の進入台数を減らす手法として、車の共有利用も推奨されている。シェアカーは、一般に事前登録を行った会員間で特定の自動車を共同使用するシステムで、「Auto Partage（自動車の共有）」と呼ばれる。エコロジー移行省の発表では、2020年中にカーシェアリングサービスを利用したフランス人は29万4千人であった。シェアカーはレンタカーと異なり、短時間の利用を想定しており、レンタカーよりも安価な設定が求められるので、主に自治体が運営しており、2021年1月では700の自治体で1万1546台の自動車が共有されていた。

一方、ライドシェアとは、職業ドライバーではない運転者が1人（または複数）の乗客と共同で自動車を使用することで、ガソリン代と高速料金を除けば、ドライバーは報酬は受け取らない。シェアカーと区別して、「Co-voiturage（自動車の相乗り）」と呼ばれる。スマートフォンの普及、多発する公共交通機関のストライキ、ガソリン代の高騰などを背景に、フランスでは自動車のライド

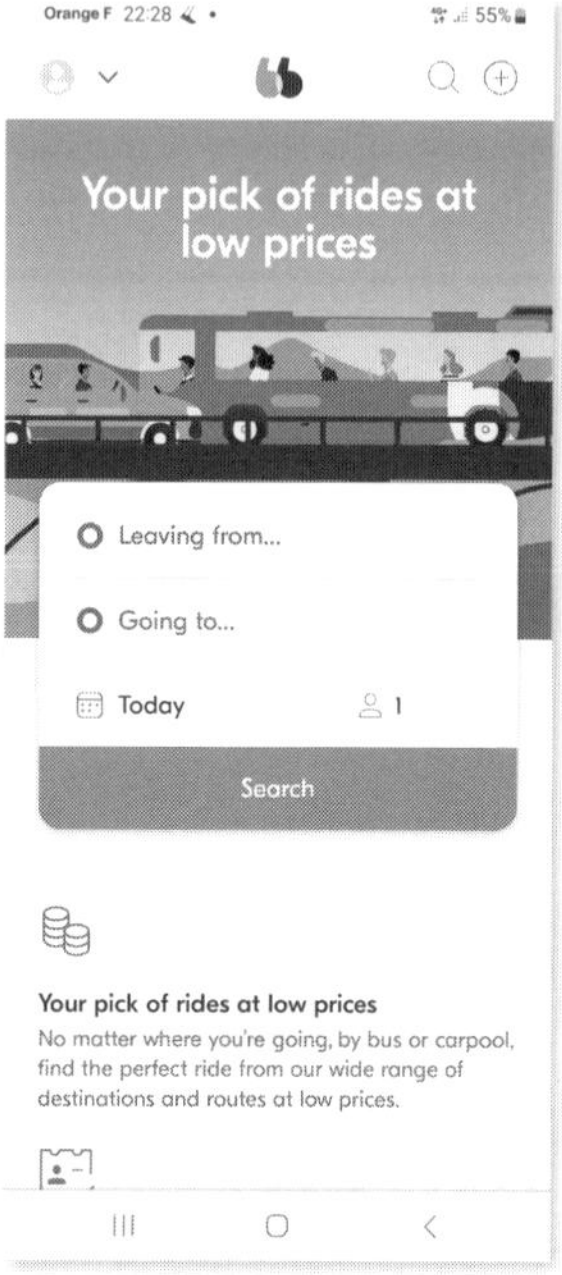

図11　ブラブラカーのアプリ画面
（出典：©BlaBlaCar）

シェアが近年急速に広がった。

エコロジー移行省の発表によると、２０２２年10月の１カ月間だけで、約60万件のライドシェアがあった。ライドシェアの平均走行距離は約25㎞で、主に近距離移動に利用されている。フランスでは70％の就労者が通勤に自家用車を利用しており（２０２２年）、その平均乗車人員は１・３人に過ぎないという状況を変えたい国の思惑と、経済的な理由からまったく知らない相手とのライドシェアも厭わない人々が増えてきたことが重なり、ライドシェアをマッチングするアプリがネットにはあふれている。

最近のライドシェアは、定期運行タイプだけでなく、事前予約なしにネット上で合意してすぐに相乗りができるタイプもあり、その場合はバス停留所のようなライドシェア用スポットから、スマホでライドシェア会員にコンタクトする。ライドシェアの乗り場は、中心市街地から郊外に出る地点や、高速道路の出入口付近に設置されていることが多く、エコロジー移行省の発表では、ライドシェアの駐車場は現在約８５００カ所ある。

リヨン市やナント市では、民間企業が開発したアプリを活用して、ライドシェアのマッチング・

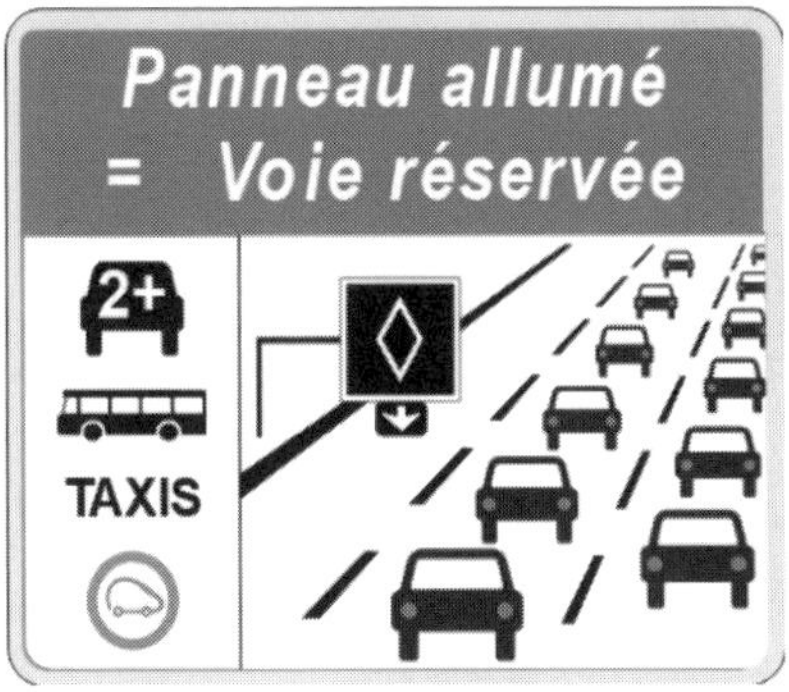

図12　ライドシェア用自動車レーンの表示の一例。パネルが点灯している時間帯は、1台に2人以上乗っている乗用車・バス・電気自動車のみが走行可能なレーンとなる
(出典：Ministère de la Transition écologique)

サービスを自治体が運営している。アプリにドライバーも利用者もあらかじめ登録しておき、利用者を同乗させると、自治体がドライバーに1ライドあたり2ユーロを銀行口座に振り込む。このように自治体が 車の1人利用を減らすために、ライドシェアを推進しているのが興味深い。

相乗りサービスを提供するブラブラカー社（BlaBlaCar）のアプリでは、「A市を明日午後3時に出発してB市に行きたい」という情報を入力して、同じ行程で移動する予定のドライバーと連絡をとりあい、相乗りして高速道路料金とガソリン料金を折半して長距離移動ができる（図11）。ドライバーには実費折半以外の報酬はないので、白タクではない。ご近所で助けあう有償自家用輸送のビジネスモデルでもなく、面識のない者同士がネット上のアプリを通して車に同乗するという、まったく新しいライドシェアの形である。ブラブラカーは保険を同乗者にも義務づけ、予約料金を利用者がアプリに先払いするシステムが整って以降大きく躍進した。

2018年のブラブラカーの調査によると、利用者の年齢層は35歳以下が72％を占め、就業者が66％を占めており、毎日の決まった通勤ルートでも利用していることがわかる。興味深いのは、利用者の70％がマイカー所有者であることだ。つまり、ライドシェア利用の動機は、環境保全と移動経費の節約であり、こうした新しい車の利用の広がりは、大きな変化だと言える。

環境保全の観点からも、国はライドシェアを推進する立場をとり、２０１９年12月に策定されたモビリティ基本法第35条では、メトロポールおよび県の道路管轄当局が、道路や駐車スペースの一部を２人以上を乗せた車両のライドシェア用に確保することを認めた（ただし高速道路は除く、図12）。これは非常に画期的だと言える。次章で解説するモビリティ基本法は、環境保全を主軸とするだけでなく、健康維持のためにできるだけ自ら体を動かすアクティブな移動（徒歩と自転車）を推奨しており、そのための施策が道路構造を改善したウォーカブルな空間の創出にもつながっている。

＊1　総務省統計局「世界の統計」２０２０年
＊2　OECD, Rapport de situation sur la sécurité routière dans le monde, 2013
＊3　CEREMA, Bruyère F. Une voirie pour tous, 2014
＊4　Statistique Publique, Les aides parentales sources d'inégalités d'accès au permis de conduire, INJEP（Institut National de la jeunesse et de l'éducation populaire), N.13, 2018
＊5　ヴァンソン藤井由実『フランスではなぜ子育て世代が地方に移住するのか』学芸出版社、２０１９年

FRENCH WALKABLE CITY

3章

日常の移動を豊かにする モビリティ基本法

1 公共交通と歩行者空間をセットで都市を再編

フランスでは、安全・健康・環境への配慮から、中心市街地に公共交通を導入し車利用を抑制してきたが、歩行者を優先した都市づくりは結果的に中心市街地における人の賑わいの創出にもつながった。*1 エコロジー移行省(2019年)によると、自宅から80km以内の移動に利用される手段は、自動車が63%、徒歩が23・5%、公共交通が9・1%、自転車が2・7%である。フランス全土の旅客移動の85%が車で行われている数字と比較すると、国民の生活圏では車以外の移動手段も選択できる社会が実現しつつあると言える。フランスの31都市で導入されたLRT、41都市で導入されたBRTや路線バスなどの公共交通は、コロナ禍でも、国の手厚い保護を受けてきた。

2 公共交通の推進を支える法整備とプロジェクト支援

コロナ禍で公共交通運営を支援

フランスの地方都市では自治体が公共交通の運営を担っている。広域で交通政策を管轄する部署はモビリティ管轄当局（Autorité Organisatrice de Mobilité。以下、ＡＯＭ）と呼ばれ、日本の役所の交通局に当たるが、その機能と権限はかなり異なる。

フランスの地方都市における公共交通の経営危機がコロナ禍でも深刻にならなかったのは、自治体が運輸業務を委託している運行事業者に補助金を供与したからである。公設民営の上下分離方式で運行する公共交通の財源を支えるモビリティ税は、就業者の給与総額に一定の税率をかけて徴収されるため、ロックダウンで企業が従業員に支払う給与総額が減り、自治体の独立財源となるモビリティ税収も激減した。それらの収入減リスクをカバーするために、国は２０２０年度第４次補正予算で、都市内交通を担う自治体のＡＯＭに返済義務がある融資を行い、パリ首都圏だけでもその額は12億ユーロ（約１６８０億円）にのぼった。公共交通の運営費不足に国が対処するスピードが速い。このような国の措置があるからこそ、フランスの公共交通の管轄主体である自治体は公共交通の運行事業者を支援し、利用者にもロックダウン期間に相当する2カ月分の定期券料金を返金した。

フランス政府は２０２０年12月には、「コロナ禍で打撃を受けた公共交通機関利用をダイナミックに回復させ、経済活動の復活に貢献するため」に、総額4億5千万ユーロ（約６３０億円）の予算で第4回目となる公共交通整備プロジェクトを公募した。フランスの公共交通整備に関する補助金の特徴は、フランス政府の公募に対して自治体が応募し、応募自治体の計画内容を政府が審査するシステムを採用していることである。また、いったん補助金が交付されれば、用途・目的が限られておらず、自治体は対象のプロジェクトの範囲内であれば比較的自由に補助金を使え、自治体の裁量度が高いことも特徴である。

２０２０年の募集対象は、新しい専用軌道整備事業とマルチモーダル交通ハブ（交通結節点）整備事業であった。公共交通の専用道路の整備と、その影響を受ける都市空間全体の整備までを補助金対象としており、公共交通導入と都市空間再編の同時着手が当然とされている。つまり、フランスにはある一つのエリアを「ウォーカブル」にするだけの補助制度はないが、公共交通整備を伴う歩行者優先空間の整備には補助金が付与されるしくみとなっている。アンジェ市のＬＲＴ‐Ｂ線整備工事の場合、総工費の約1割が専用軌道外の道路空間と公共空間の整備、およびアーバンファーニチャーの設置コストであった。また、ナントやラ・ロシェルなどの自治体では、歩行者専用空間、ゾーン30や20導入の整備に関わる標識の設置には1カ所につき２０００ユーロ（約28万円）が平均のコストであると発表している。

それぞれの自治体のプロジェクト予算に対する国の平均的な補助率は約17％で、プロジェクトの持続性を自治体に問うスキームとなっている。２０２０年の公共交通整備プロジェクトの応募条件の一つに、２０２５年末までの事業開始がある。これは、２０２６年に次の統一地方選挙が実施されるので、首長が交代しても事業の継続性を保証するためだ。フランス全土の公共交通の需要・供給の半分以上を占めるパリ首都圏は、この国による補助の対象から外されている。

２０２１年には、政府はコロナ禍で危機に陥っている公共交通をより手厚く支援するために、第

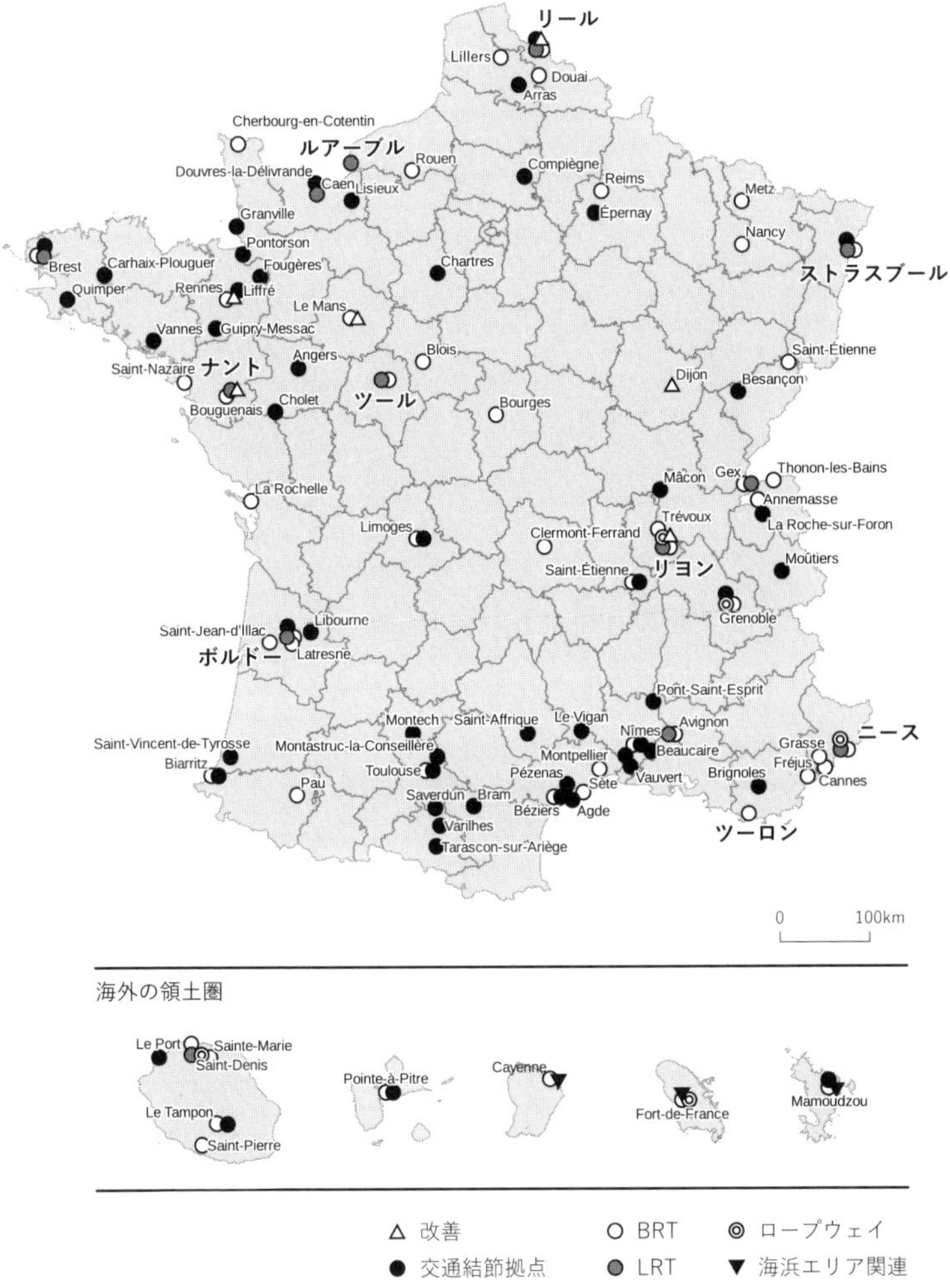

図1　第4回公共交通整備の補助金に採択されたプロジェクト
(出典：Ministère de la Transition écologique の図に筆者加筆)

4回公募の予算を当初予定の2倍の9億ユーロ（約1260億円）にすると発表した。この金額は、公共交通に対する補助金の過去最大規模である。その結果、専用軌道を持つ公共交通の導入プロジェクト95件（申請案件の85%）に8億5800万ユーロ（約1201億円）、交通結節拠点の整備プロジェクトに4200万ユーロ（約59億円）の補助金が交付されることになり、フランスのあらゆる自治体で、公共交通の改善が試みられることになった（図1）。

公共交通を推進する法整備

このような国による支援は、コロナ禍で始まったわけではない。フランス政府は1980年代から、環境保全、福祉（誰もが利用できる移動手段の提供）、（公共事業における）雇用創出の観点から、公共交通整備を支援し、車利用を抑制して歩行者を中心とした都市再編を促すための法整備を行ってきた（図2）。なかでも2000年に策定された「都市の連帯・再生法（loi n° 2000-1208 du 13 décembre 2000 relative à la solidarité et au renouvellement urbain）」（通称ＳＲＵ法）では、「都市の開発」と「移動に関する計画」に一貫性を持たせることが「持続可能な発展に不可欠」と明記し、土地利用と交通整備を組み合わせたことが重要である。

フランス政府は、2008年に総額8億ユーロ（約1120億円）の第1回公共交通整備プロジェクトを公募し、「環境グルネル法（GRENELLE 1：loi n° 2009-967 du 3 août 2009 de programmation

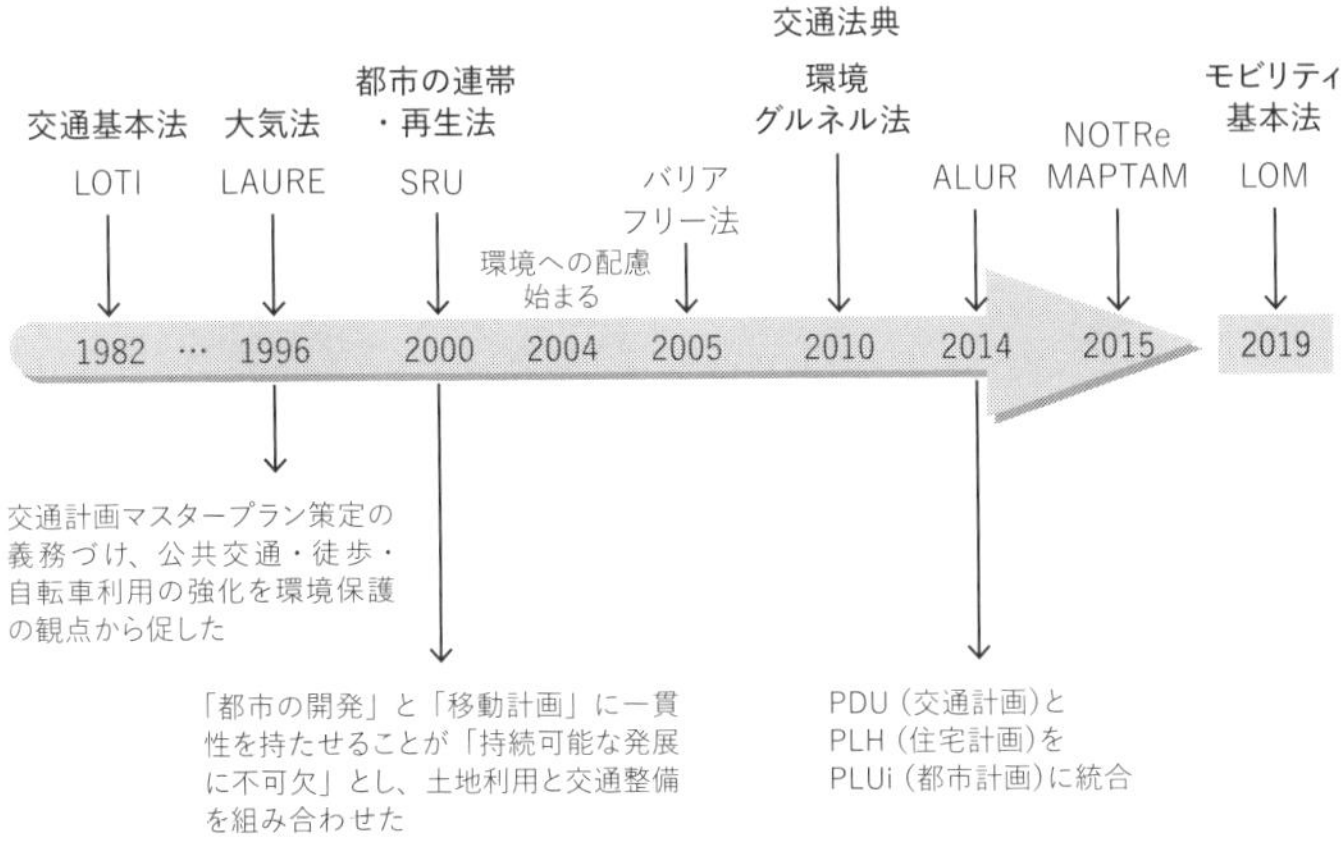

図2　フランスの交通関連法整備の流れ（出典：CEREMA の図に筆者加筆）

写真1　人口2.6万人のソミュール市の中心市街地の広場には、静かな時間が流れる

relative à la mise en œuvre du Grenelle de l'environnement およびENE : loi n° 2010-788 du 12 juillet 2010 portant engagement national pour l'environnement)」を制定した後、2010年には総額5億9千万ユーロ（約826億円）の第2回公共交通整備プロジェクトの公募を実施した。この2度の入札公募は、2008年以降極めて速いスピードで都市公共交通の導入が進められ、とりわけ人口10万人未満の都市圏においても専用軌道を持つ公共交通の導入やバス路線の充実化が行われる後押しとなった。それに伴い2010年代以降、フランス全土で人口の少ない地方都市の中心市街地でも歩行者専用空間の整備が進み、広場にはカフェやレストランが並び、人が歩くことを前提とした都心の風景が見られるようになった（写真1）。

続く、2013年度の第3回公共交通整備プロジェクトの公募では4億5千万ユーロ（約630億円）の補助金予算が確保され、70自治体の99プロジェクトが選ばれた。この時の補助金は公共交通の整備のみならず、利用者が自転車を鉄道に持ち込むための鉄道車両の改造や自転車駐輪場の整備など、持続可能な移動に関わるプロジェクトにも適用された。環境保全を目的とした歴代の法に基づき、フランス政府からの補助金交付も後押しとなり、現在では人口15万人以上の都市のほぼすべてにLRTかBRTが整備された。それに伴い、中心市街地では歩行者専用空間が整備され、公共交通、歩行者空間、沿道の建築空間が一体となり質の高い都市空間が形成されてきた。

3

新しい時代の移動の哲学を示すモビリティ基本法

すべての国民に移動しやすい交通を整備することを自治体に要請した交通基本法（1982年制定）から40年。マクロン大統領が「より利便性の高い、より安い、そして清潔な公共交通を供給して、全国土、全国民に対して日常の移動を具体的に改善することが目的である」と語ったモビリティ基本法（loi n° 2019-1428 du 24 décembre 2019 d'orientation des mobilités）は、2019年12月、コロナ発生の直前に制定された。189条から成るこの新しい法律は、フランス社会が直面している、移動に関する四つの課題、「交通格差の解消」「日常生活における移動の充実」「環境保全への対応」「デジタル時代への対応」を解決する方向性を提示する形でまとめられた。なお、交通はバスなどの運輸手段を、モビリティは自転車や徒歩移動も含み、「移動できること」を意味する。

2017年から議論が始まり、国民を包括するインターネット集会も含む400の事前協議集会を行い、600人の専門家を含む3千人が法律制定に携わった。エコロジー移行省は、「交通は通学、通勤、医療など我々の日常生活を支える基本的な要素である。移動できることは、フランス共和国が全国民に約束する基本的な権利の一つである」と述べており、交通が政治の重要なマターとして討論されメディアでも報道されるのがフランスの特徴だ。2019年当時のエコロジー移行省の交通担当大臣ジャンバティスト・ジャバリ氏★は、「新しいソリューションやイノベーションを支援することで移動をより容易にし、自動車利用への依存を減らすために、モビリティの権利に具体的に有効な特性を与えることが目的である」と述べており、はっきりと自動車利用の削減を意識したモビリティ改革を謳った。

本章では、先に挙げたフランスが抱える移動に関する四つの課題のうち「交通格差の解消」「日常生活における移動の充実」「環境保全への対応」について解説し、「デジタル時代への対応」については4章で詳しく解説する。

交通ガバナンスの見直しによる交通格差の解消

モビリティ基本法の第一のキーワードは、交通格差の解消である。フランスでは人口の28％に当たる約1900万人の国民が、州やコミューンがバスを運行していても公共の交通サービスが少なく、自家用車がなければ移動が不便なエリアに住んでいる（図3）。政府の目標は、代替手段を供給して公共交通空白地帯を減らし、すべての国民に移動のソリューションをもたらすことだ。そのためにモビリティ基本法は、まず交通行政のガバナンスの見直しを促している（第8条）。

1982年に制定された「地方分権法（loi n° 82-213 du 2 mars 1982 relative aux droits et libertés des communes, des départements et des régions）」以来、地方分権が進み、交通政策の権限は、複数のコ

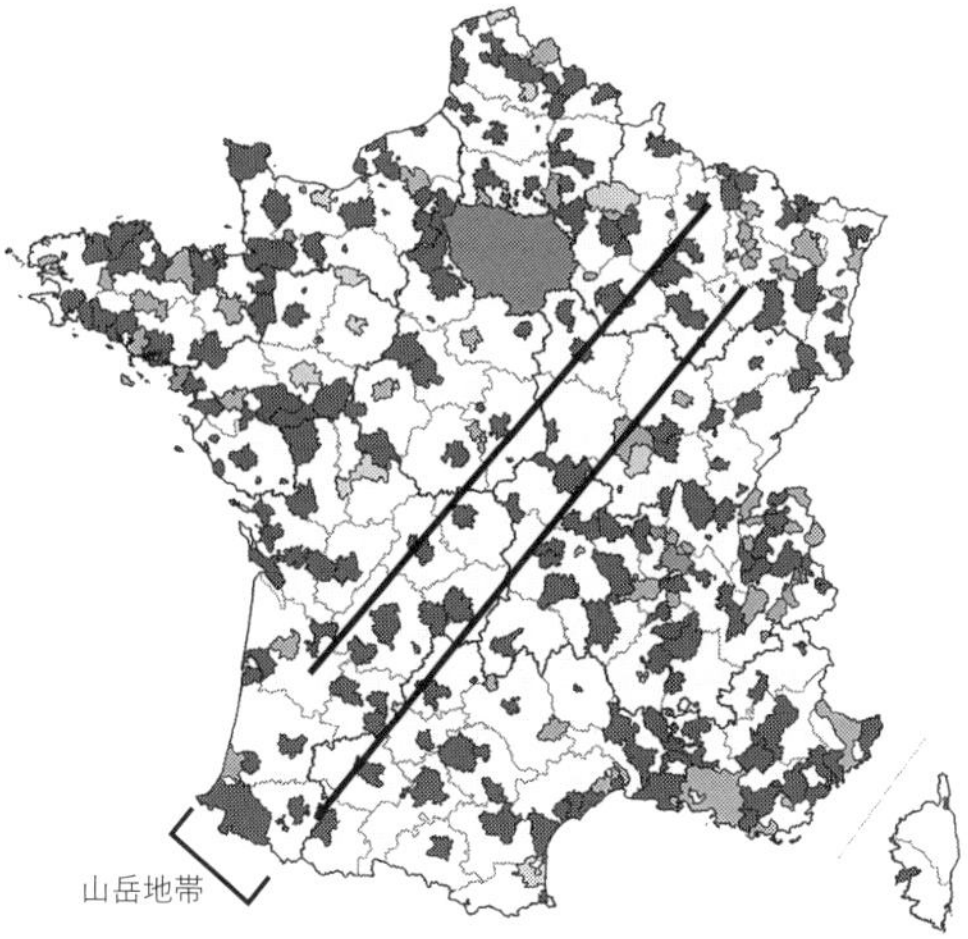

図3　アミ掛けのエリアでAOMが広域で交通政策を担当している（2018年1月現在）。アミのないエリアは非居住地帯あるいは交通の空白地帯で、州政府がスクールバス、コミュニティバスなどの交通政策を担当している
（出典：フランス上院（SENAT）のレポート（2019年9月）の図に筆者加筆）

ミューンで構成する広域自治体連合に完全に移譲されてきた（図3）。モビリティ基本法では、今後人口規模の小さなコミューンも広域自治体連合を構成して、その交通を管轄するＡＯＭが主体となり、広域でモビリティ政策のイニシアティブをとることを求めている。能力的に不可能なコミューンでは、州が担当する。

　そして人口規模の小さなＡＯＭでも輸送サービスを提供できるよう、今後は人口5万人以上の自治体でもモビリティ税を課税できるとした（第13条）。この税は従業員11人以上の企業の雇用主に対して適用され、自治体の直接財源となり、交通法に従い「モビリティ」の範囲内のすべての事業に使用できる。ただし、定期的な輸送サービスを設置しない自治体は、モビリティ税を導入できない。新しく構成されるＡＯＭは透明性を高めるために、モビリティ税の使途先を公表することが求められる。

新しくＡＯＭを組織化した自治体は、都市のスプロール（拡散）化や大気汚染を防ぎ、生物多様性の保全を目的とし、これらの施策をまとめたモビリティマスタープランＰＭ（Plan de Mobilité）を、モビリティ基本法成立から24カ月以内に策定しなければならない（第16条）。ＰＭは、モビリティ基本法以前はＰＤＵ（Plan de Déplacements Urbains）と呼ばれていた交通マスタープランで、その策定は人口10万人以上のＡＯＭにのみ義務づけられており、小規模ＡＯＭは簡素化したマスタープランで良いとされている。

日常生活における移動の充実

モビリティ基本法の二つ目のキーワードは、「日常生活における国民全員の移動の充実化」である。あらゆる交通格差を減少させるために、第18条ではＡＯＭに交通弱者に配慮した公共交通サービスについてさまざまなガイドラインを設けた。ユニバーサルデザイン、バリアフリーへの投資と言える。ＡＯＭは失業者の運賃の無料化などすでにいくつかの社会運賃制度（利用者の所得に応じて変動する運賃制度）を適用しているが、国はそれらを充実させて、交通弱者をサポートするよう自治体を指導している。すでに地方都市の公共交通の車両や停留所には、徹底したバリアフリー対策がとられているが、さらに障害者や運動能力の低下した人々にシームレスな情報を提供するために、バリアフリーのサービスやルートに関するデータを２０２３年末までには公開することを

AOMに義務づけた（第27条）。

フランスでは一般に障害者という表現を使わない。「移動に制約がある者」と言う。これは健常者も怪我をしたり高齢化すると、誰もがハンディキャップを負うし、妊婦や子供連れもやはり移動が制限されるという考えに基づいている。筆者はフランスで30年以上暮らしているが、ベビーカーの階段の昇降を手伝ったり、横断歩道で高齢者や目の不自由な人たちに手を差し伸べる市民の姿を当たり前のように見てきた。「交通弱者」という表現もない。誰もが失業者になる可能性があり、所得が減少する年金生活者なども広く包括して、それぞれのライフステージで社会の支援が必要な時期があるかもしれない、という考え方によるものだ。

また、高速鉄道TGVなど大型プロジェクトに過大な投資が行われ、国民の日常レベルで移動の充実が軽んじられてきたことを反省して、既存の移動ネットワーク、なかでも鉄道の近代化に重点を置くことを目標としている（第1、2条）。

モビリティ基本法の革新的な点は、政府が掲げる「Mobility for everyone and everywhere（フランス語ではMobilité pour tous et partout）」というスローガンである。「すべての人々がすべての場所に移動できる」というメッセージによって、国民の日常レベルの移動、車以外の多様な移動手段をサポートする姿勢を鮮明に打ち出している。そのために小さな自治体にも、広域行政を通したAOMの組織化を推進し、モビリティ政策により大きな権限を与えた。こうして公共交通空白地帯の状況を改め、交通弱者、障害者や高齢者などの移動を制限される者への交通手段も改善し、あらゆる意味での公共交通格差の減少を目指しているのがモビリティ基本法の大きな特徴と言える。

4 エコロジカルなモビリティへの移行

モビリティ基本法の三つ目の柱は、環境保全への対応である。「交通は、温室効果ガスの31％、窒素ガスの59％、パリ首都圏大気微粒子の35％の排出源であり、緊急を要する環境・気候変動対策に応えるために、今までとは異なる移動手段を考える必要がある」と、フランス政府は強調している。また国民の環境保全に対する意識も高い。そのため、2015年の国連気候変動枠組条約締約国会議（COP21）で締結されたパリ協定の公約に従い、2050年までに陸上輸送をカーボンニュートラルにする目標をモビリティ基本法に盛り込んだ。政府は、「2030年までに温室効果ガスの排出量を1990年比で37・5％削減し、2040年までに炭素を含む化石燃料車の販売を禁止する」という目標を法律で定めたヨーロッパで最初の国となった（第73、77、78条）。その後、2022年10月にEUは、2035年からガソリン車など内燃機関を持つ新車販売を事実上禁止することに合意した。

コロナ禍の自動車交通環境の変化

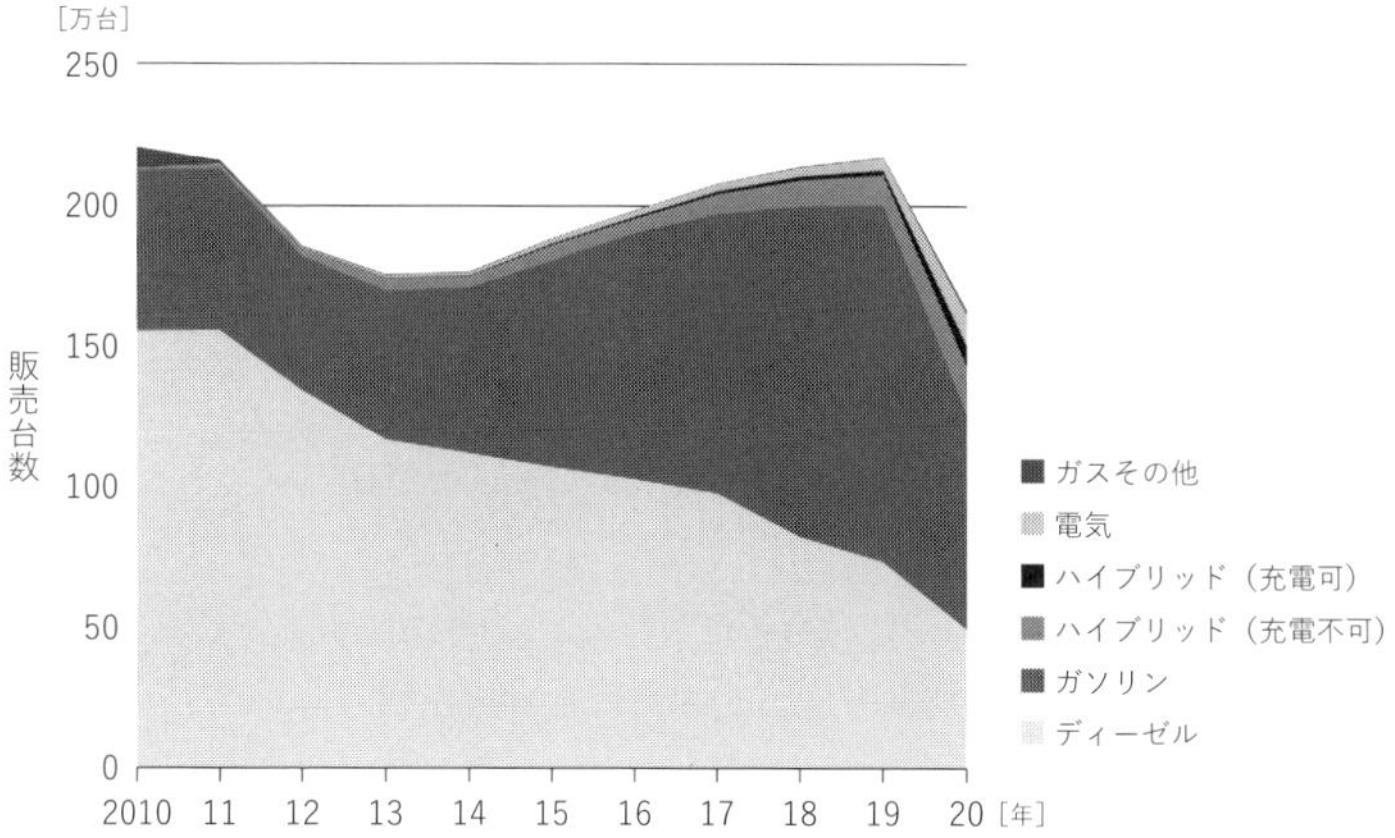

図4　2010～20年にフランスで販売された新車のエネルギー源別割合
（出典：Ministère de la Transition écologique の図に筆者加筆、原出典：SDES RSVERO）

コロナ禍の２０２０年には、フランス全土の道路の交通量は16・9%減（以下、数値は２０１９年比）の５１１２億ビークルキロになった。大型車よりも、自動車を中心とした小型車での落ち込みが顕著である。リモートワークの拡大や経済活動の停滞、旅客・貨物輸送が縮小した結果、「フランスで道路上の交通量全体が減少した２０２０年は、温室効果ガスの排出量が９%減少した」とエコロジー移行省は発表した。

２０２０年の交通事故の死者数は２７８０人で、20・6%減少したことも良いニュースだ。負傷者も20・3%減少したが、事故の原因であるスピード違反、飲酒運転、麻薬摂取には変化はない。コロナ禍でも自家用車移動における走行距離の減少は19・2%にとどまったが、２０２０年の新車販売台数は、２０１９年に比較して25%下落した。一方、日本の自動車販売の業界団体が２０２１年４月に発表した２０２０年の国内新車販売台数は、２０１９年

図5　左に二酸化炭素排出量クラスの表示、下部に「ライドシェアを考えてみてください。#汚染度の少ない移動」と記載された新車の広告
（出典：フランスにおけるトヨタ社の広告）

比で7・6％減の465万6632台だった。フランスではディーゼル車も好まれるので、2019年までは新車販売数のうち電気自動車・ハイブリッド車は3％しかなかったが、2020年には11％に伸びた（図4）。しかし、2035年からはEU規則[*2]により、ハイブリッド車（HV）やプラグインハイブリッド車（PHV）も販売禁止になる。ちなみに、フランスには、日本の軽自動車に相当する車種はない。

自動車交通をクリーンにする

■新車販売広告への新しい規制

フランス政府は2022年6月から、自動車販売に関するすべての広告に「短距離移動には、徒歩か自転車を優先してください」「ライドシェアを考えてください」「毎日の移動には公共交通を利用してください」のうちいずれかのメッセージを記載することと、「#汚染度の少ない移動」の掲載を義務づけた[*3]（図5）。これは紙媒体だけでなく、ラジオやテレ

図6　自動車のフロントガラスに掲示する、クリーン度を1～5のレベルで示すステッカー。クリーン度は、100％電気あるいは水素エネルギー車（左端）から、レベル1のハイブリッド車および2011年1月以降購入のガソリン車、レベル5の1996年以前購入のガソリン車およびディーゼル車まで、購入年度とエネルギー源によって細かく分類されている
（出典：Ministère de la Transition écologique）

ビ、映画、インターネットなどあらゆるメディアの広告が対象になり、義務を怠った場合は最高５万ユーロ（約７００万円）の罰金が課される。この自動車広告に関する措置は、モビリティ基本法で導入された「エコロジカルなモビリティに移行する」という基本的な考え方に沿っている。同じように、欧州議会が２０２１年４月に導入した気候変動対策法の新しい措置に従い、２０２２年３月１日から自動車メーカーには、販売対象となる新車の二酸化炭素排出量クラスを明記することも義務づけられた。車利用を否定するキャンペーンではなく、より環境にやさしい移動手段にシフトする考えと努力を利用者に絶えまなく促す、インテリジェントな啓蒙法である。

■ZFE（低排出ガスゾーン）の整備、クリーンカーへの買い替え支援

パリでは２０１７年１月から車のクリーン度を提示するステッカー（図６）を車のフロントガラスに表示することを義務づけて、大気汚染度の高い自動車は、大気汚染が上限を超えた日には低排出ガスゾーン（Zone à Faible Emission：ZFE）への侵入を制限してきた。ZFEは、自治体が設けた対象エリア、時間帯、車両の種類などの基準に従って、汚

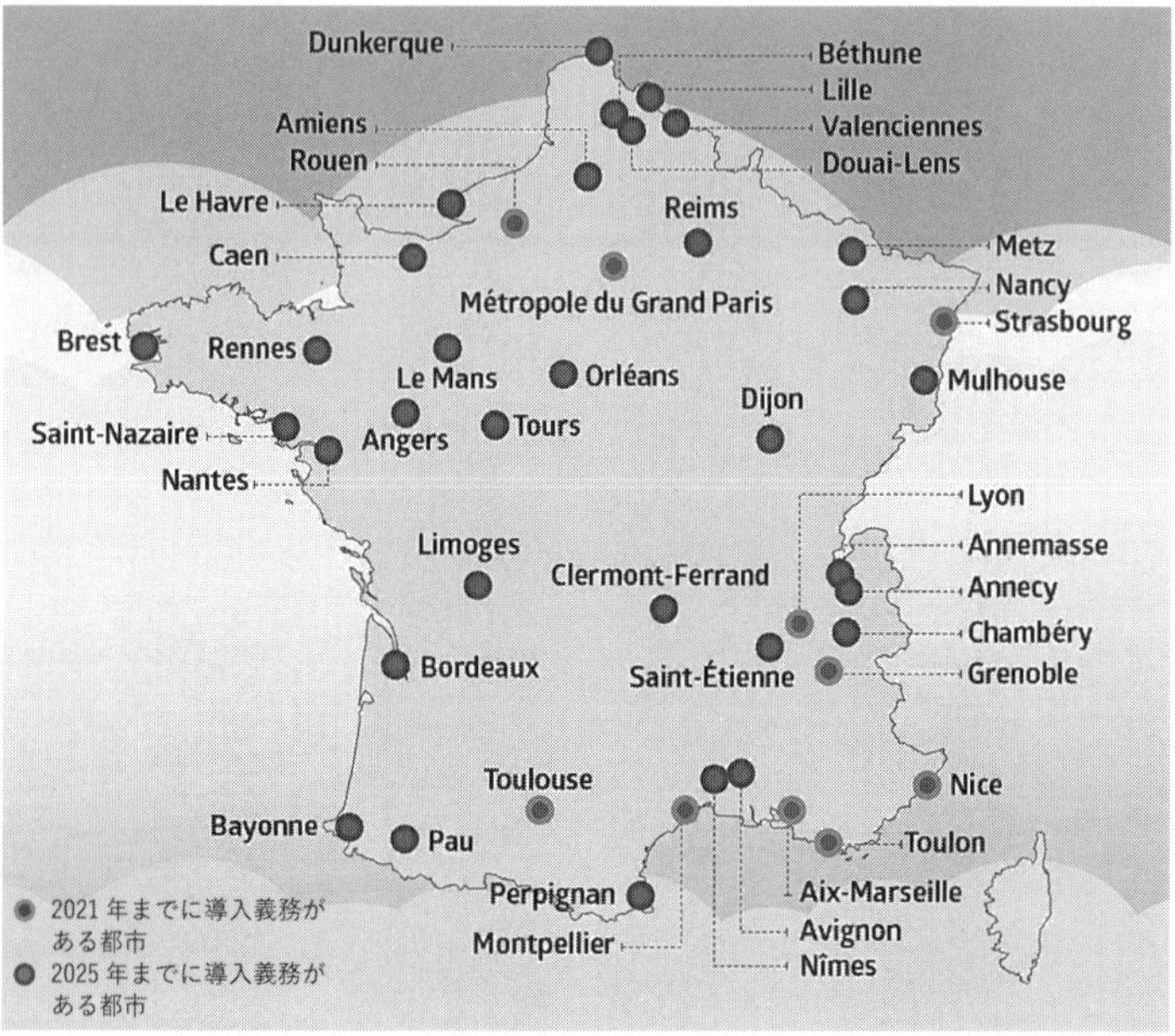

図7　低排出ガスゾーン（ZEF）の導入義務がある都市（出典：Réseau Action Climat の図に筆者加筆）

染度の低い車のみがアクセスできるゾーンである。違反車には68ユーロ（約9520円）、トラックやバスの場合135ユーロ（約1万8900円）の罰金を課している。

モビリティ基本法では、ZEFの設置を、人口10万人以上の広域自治体連合に義務づけた（第86条、図7）。ZEFの設置は市街地における大気の質の向上に有効だとされており、ゾーン整備には6千ユーロ（約84万円）を上限とした政府の補助が自治体に支給される。

大気汚染が基準（微小粒子状物質濃度が1㎥あたり80μg）を超えた日には、自治体がマイカー利用を制限する交通規制をかけることも可能で（第87、88条）、その代わりに公共交通が無料、あるいは割安になる。公共交通が無料になる日は、前夜にテレビやラジオのニュース番組で広報する。無料設定の当日はバスや地下鉄の電光掲示板など至る所で、「本日は乗車券無料」のメッセージが伝えられ、地下鉄の改札も開いたままである。

ＺＥＦはすでに欧州の２５０都市で設定されており、フランスではパリのほかにリヨン、グルノーブルなどが先駆的に導入している。パリでは２０２１年６月からパリ近郊を走る環状高速道路Ａ86の内側に住む５６０万人が対象となる範囲にまでＺＥＦの設定が拡大された。一方で、ツールーズ市のように２０２１年までに導入する義務があるにもかかわらず、ＺＥＦの設定が遅れている都市もある。汚染度の低い車のみがアクセスできるＺＥＦの対象エリア、時間帯、車両の種類などは、各自治体の裁量によるので、実際のカレンダーは都市ごとに異なる。政府は２０３０年には、ＺＥＦへの進入車の１００％をクリーンカーとするなどのロードマップを設けている。メディアでは頻繁に非クリーンカーの定義と、非クリーンカーの進入が禁止になるカレンダーの解説をしているが、現在登録されている車の50％を占めるレベル３以下の非クリーンカーを運転している国民は困惑しているようだ。

ＥＵ規制とＺＥＦの設定をきっかけに、自動車産業は電気自動車への開発に舵を切った。モビリティ基本法では、電気自動車の普及を推進するため、新規に整備・改築する駐車場に、２０２１年３月から充電設備の整備を義務づけており、新しいドライブインなどにも電気充電スタンドを見る

写真２　高速道路沿いのドライブインの電気自動車用の充電設備

ようになった（写真２）。10台以上の駐車スペースがある駐車場が対象だが、義務づけられる充電装置の数は、建物の仕様と駐車場の規模により異なり、今後発令される勅令に従うことになる。

政府は、クリーンカー購入に対するボーナス支給などさまざまな財政支援も導入している（第74、76、79条）。ボーナス支給対象は、ガソリン車を買い替える場合の電気自動車・ハイブリッド車の新車・中古車が対象である。ボーナス支給額は、購入者の所得水準や年間走行距離、車の購入価格により、１千～６千ユーロ（14～84万円）までと幅がある。業務用車にも適用される。政府は、環境保全の観点からクリーンエネルギー車への買い替えを推奨しているが、電気自動車などはまだ国民には高価なものだと捉えられている。今後クリーンカーが普及するかどうかは、政府がいかなる購入支援を行うかにかかっている。

■通勤の自動車利用を減らす、企業との連携

フランスには従来雇用者から被雇用者への通勤手当や定期券

の支給はなかったが、脱車を進めるために、2012年から公共交通で通勤する就労者に対し、定期運賃の半額を雇用者が負担している。モビリティ基本法では、「持続可能なモビリティパッケージ」を創設して、ライドシェアやシェアカーで出勤する従業員や、自転車や公道で貸し出されるスクーターなどのパーソナルモビリティ（個人所有のキックボードやスクーターは対象外）で通勤する従業員に対して、企業が年間最大500ユーロ（約7万円）を支給できるとした（第82条）。モーターがある場合は、内燃機関を持たない電動式の動力装置やアシスト機能を備えていることが条件である。この500ユーロについては、就労者は税金が、雇用者は社会保険料が免除される。

自転車利用を促進する

自分の体を使う移動は、「アクティブモード移動」あるいは「ソフトモード移動」と、フランスでは表現される。モビリティ基本法は法律文書として初めてアクティブモードの定義に言及し、今後策定される移動計画には、自転車と徒歩の移動計画も包括するとした。

2020年末には、フランス全土で自転車専用道路が1万8848㎞に達し、2019年に比べて1241㎞増加した。コロナの影響で公共交通から自転車移動に切り替える利用者も報告されているので、この数字は今後増えていくだろう。2020年には270万台の自転車が販売され、そのうち51万5千台が電動アシスト自転車であった。フランスの電動アシスト自転車の平均価格は

写真3　2020年に完成したナント中央駅出口に整備された自転車駐輪場。手前は自治体が管轄するシェアサイクルのポート

２０７９ユーロ（約29万円）と高額なので、販売台数では自転車全体の19％だが、販売額では電気自転車が56％を占める。電気自転車は週末のスポーツ利用よりは、日常的な移動で利用されることが多い。

自治体の交通政策には、自転車利用のための安全対策が組み込まれているが、それでも90％のフランス人が「現状では子供たちは安全に自転車通学できない」と考えていることを受けて（エコロジー移行省が行ったアンケートによる）、モビリティ基本法では小学校卒業までに公共空間における自転車の安全運転に関する学習を受けなければならないとした（第57条）。

２０２４年までに自転車の移動モーダルシェアを現在の3％から3倍にすることを目指し、モビリティ基本法では他にも具体的な政策を盛り込んでいる。より一層自転車利用の安全を高めるために、都市部や郊外での新規道路整備や改良工事の場合には、自転車専用道を整備すること（第61〜63条）を義務づけた。歩行者と自転車利用者の安全を

写真4　ラ・ロシェルで見かけたカーゴサイクル

図り見通しを良くするために、新規整備道路では横断歩道から5m内での駐車スペースの整備を禁止し、2026年末までに全道路に適用するとした（第52条）。電車やバスに自転車を持ち込むことを可能にする装備の設置も2021年以降の新車両に義務づけた。また年間30万世帯が自転車を盗まれているフランスらしく、自転車登録制度の導入や、駅などの交通結節拠点には2024年までに駐輪場を必ず設置する（写真3）など、盗難対策に関する措置も義務づけている（ともに第53条）。

自転車利用には、利用者の健康促進と大気汚染の緩和が期待できる。自転車で都市を回遊できることが観光客を魅了するため、多くの地方都市が競うように自転車専用道路を整備し、フランスに拠点を置くモビリティリサーチ会社6tビュロー・ド・ルシェルシュ社によると、2018年に34の都市が自治体管轄のシェアサイクルを導入している。シェアサイクルの利用を促進するために、自治体は登録料や使用料を低めに設定している。年間利用の登録料は

30ユーロ（約4200円）前後が多く、毎回の利用の最初の30分間は無料である。パリを除くフランスの地方都市であれば、30分間でほぼ市内の移動が可能である。近年では民間企業が運営する乗り捨て可能な自転車利用や、観光地のシェアレンタルサイクルも進んでいる。また物流のラストマイル対策としても、荷台付き自転車のカーゴサイクルがパリや地方都市でも見られるようになってきた（写真4）。各地で共同集配所を設けて、そこから自転車で荷物を配送する。

広がるマイクロモビリティの利用

近年急激に普及した電動キックボード（4頁写真、写真5）は、歩行者との衝突事故や路上のボード放置などが早くから問題視されていた。政府の対応も早く、2019年10月にキックボード利用規制の政令[*4]が発令され、利用時のヘルメット着用の義務化や、時速25㎞の速度制限などが制定された。

モビリティ基本法第41条では、その規制に対し、都市の状況に応じて変更や追加をできる権利を自治体に与えた。これは、キックボードのシェアリングサービス事業者の参入を自治体が管理し、街路利用に制限をかけられることを意味する。パリ市の場合、市役所の担当管轄部が、参入に興味がある事業者に入札をかけ、落札した事業者と2年契約をする。事業者との間に「公共空間利用協定」を締結して、事業者が市に一定の公共空間使用料金を支払うこと、定位置で適当なスピードで走行することなどを明記して、営業ライセンスを与える。キックボードの駐車ゾーンや使用料金は各自治体が決定できる。2022年9月、パリではキックボードのシェアリング事業ライセンスの供与を3社に絞り、1社につき最高1万5千台までの配置を許可し、契約は2年で見直すことになっている。

しかし、キックボード利用者と歩行者の事故が2022年度は前年度比で37%も増加し、パリ市やリヨン市など乗り捨て可能なシェアリング事業者との契約更新を再検討する自治体もある。ボードの2人乗り利用が多くなった事態に対応して、ボードにある一定以上の体重がかかると発進しないようにしたり、スピードを出しすぎるボードに対しては、コントロールセンターで減速したりするなど、事業者も安全のためのあらゆる工夫を行っている。

写真5　パリのシェアリングサービス事業者が運営するキックボード

ボードに組み込まれているチップを通して、こういったボード利用状況に関するデータの入手を契約の条件とする自治体もある。パリ市のモビリティ庁長官トリスタン・ギユー氏（1章参照）によると、データをまとめるのに1年を要したそうだ。事業者ごとに異なるデータの統一化と、データ伝送の自動化がなされておらず、データの受信側でもデータを分析する人材が求められる。

街路での無秩序な放置に関しては、事業者が定期的にボードを回収して、借り手の多い場所に移動させている。現在パリ市ではパリ警視庁が、ボードの駐車場所をコントロールしている。道路上のボード放置時間が長い事業者は、次回の契約更新では不利になる。ボードの道路空間利用状況を確認するために、パリ市では事業者と3カ月ごとにフォロー委員会を開催して、運行オペレーターと対話の機会を設けている。

政令ではキックボードの制限速度は時速25kmとなっているが、取り締まりは難しい。なぜなら、街路にはシェアリングサービスのボード利用者だけでなく、今では個人所有のボード利用者もおり、それらのボードにはナンバープレートもない。現実問題として、パリ市内では、自動車の制限速度は時速30km、キックボードは25kmと制限速度が異なるために、警察にとっても管理が簡単ではない。

2023年4月3日に、乗り捨て式のキックボードのシェアリング利用をパリ市内で認めるかどうかを問う直接住民投票が行われた。パリ市の選挙登録人口の7・46%に当たる10万3084人が投票所に赴き、89%が反対票を投じた。イダルゴ市長は、2023年9月1日以降は、キックボードのシェアリング事業者3社との契約は更新しないことを発表した。

多様化するシェアモビリティの推進

移動手段 / 利用状況・属性	(パリ市役所管轄のみ対象)元の場所に戻すカーシェア	(仲介事業者を通すタイプ)個人間のカーシェア	(乗り捨て可能)カーシェア	(乗り捨て可能)スクーター	(乗り捨て可能)キックボード	(定位置に戻すvelib)シェアサイクル	(乗り捨て可能)シェアサイクル	タクシー	ハイヤー
平均走行距離	78km	42km	9.2km	4km	5km	3.6km	5.3km	11.1km	9km
平均貸出時間	13 時間	7 時間	35 分	15 分	11 分	14.3 分	21 分	23 分	21 分
平均時速	6km※	6km※	15.8km	16km	25km	15.1km	15.1km	29km	25.7km
男性の割合	54%	62%	68%	87%	66%	60%	68%	43%	65%
平均年齢	45 歳	43 歳	38 歳	33 歳	36 歳	36 歳		42 歳	
管理職の割合	57%				53%		68%		64%
高校生の割合					19%		20%		
大学生の割合				63%	81%			24%	59%

※カーシェアで平均時速が 6kmとされているのは、レンタル中に停車している時間も計測対象になっているため。

表1　パリのシェアモビリティの利用状況（出典：Ville de Paris の資料(2022 年)をもとに筆者作成）

モビリティ基本法は、電気自動車などの新しいテクノロジーを装備した車を軸にした環境問題への対応だけではなく、カーシェアやライドシェア、徒歩や自転車移動を推進し、人々の行動変容を促している。日本と同様、自動車産業は基幹産業の一つであるフランスだが、「車は所有するものではなく利用するものだ」という考え方への変容が、少しずつ受け入れられている。カーシェアも自転車利用も、公共交通ネットワークが存在するからこそ選択できる移動手段である。

都心におけるモビリティは多様化しているが、自治体は将来どの移動手段を推進していけばよいのか、どの代替に効果的かという観点で分析している（表1）。

たとえばパリ市は、モビリティ庁の説明によると、自ら運営するシェアカーを3461台揃えており、そのうち1177台が電気あるいはハイブリッド自動車である。パリ市民の54％がカーシェアシステムを知っており、6％がカーシェアサイトに登録している。定位置に車を戻すシェアカーの利用者の25％がマイカーを手放すに至り、これは1万2300台に相当し、4500台分の駐車スペースが不要になったことを意味する。一方、乗り捨て可能なシェアカーの利用者はその14％しかマイカーを手放す結果になっておらず、これは1230台に相当し、不要になる駐車スペースは470台分である。

この結果から、パリ市では、定位置に車を返却する従来のカーシェアタイプの利用を進めることが、車利用の減少という目的に適うことがわかった。パリ市内を歩いていると、一見無秩序に多様な移動手段が混在しているように見えるが、このように追跡調査をして車の利用が実際に減らせているかどうかを分析していることが興味深い。自治体が民間事業者に対する市場への参入許可権を持っているので、今後は公共空間にマイナス効果を及ばさない移動手段が残っていくだろう。

法律を読めばわかるフランス流移動の哲学

モビリティ基本法には、都市における自家用車利用の削減に向けた内容が充実している半面、ロンドンやミラノで導入されている都市通行料については、議論されたものの結局盛り込まれなかった。そのほかにも、2018年に県道路の最高速度が時速80㎞に制限され、激しい賛否両論がメディアを賑わせたが、今回の法改正では条件付きで、国から県に派遣されている地方長官に、最高速度を時速90㎞に戻す権限を委ねることも合わせて発表した（第36条）。この措置で101県のうち45県が時速90㎞に戻された。このように、フランス政府は移動の大半を占める車との共存を認めつつ、モビリティ基本法で将来のあるべきモビリティの方向性を提示したと言える。

モビリティ基本法で何より重要なキーワードは環境保全で、「2030年までに温室効果ガスの排出量を1990年比37・5％削減し、2040年までに化石燃料車の販売を禁止する」という目標を明文化したことが革新的である。政府が環境保全にかける熱意には並々ならぬものがある。

さらに強力な施策として、コロナ禍で経営危機に陥っているエールフランス社への70億ユーロ（約9800億円）の救済融資の条件として、フランス政府は、パリから他の移動手段で2時間30分以内に移動できる都市への国内線の運航廃止を求めた。なぜなら、エコロジー移行省の発表によると、飛行機は1人を1㎞運搬するのに73〜254g（機体のタイプや満載度による）相当の二酸化炭素を排出する。新しい自動車でも110g排出するが、TGVは285名搭乗すれば1人を1㎞運搬するのに3・37g相当の二酸化炭素しか排出しない。日本でたとえるなら、東京〜大阪間は新幹線で2時間30分以内に移動できるので、飛行機の羽田〜伊丹便を廃止するということである。これはかなりインパクトのある措置だ。しかし、フランスの世論はどちらかと言えばこの措置を支持している。環境保全のために鉄道で行ける所にはなるべく飛行機は利用しない、と考える人たちのニュースがメディアで話題になり、30歳以下の年齢層ではそもそも飛行機に乗ることへの抵抗がある者も出てきた。

コロナ禍の生活で、身近な5~8㎞圏を移動する自転車や徒歩が見直された。パリでも地方都市でも、マイクロモビリティも含めた新しい移動手段に合わせた道路空間の再配分が実施されている。モビリティ基本法はコロナが発生する直前に策定されたが、その内容はコロナ後の社会のニーズを見事に捉えたもので、時代を先取りしていたと言える。このように、日常の移動を大切にするという移動の哲学を法律で定めたのはフランスだけである。たとえばオランダでは法制化せず、アムステルダムでの自転車を中心とした移動革命を行った。何事も法整備から入るのもフランスらしい。

＊1　ヴァンソン藤井由実・宇都宮浄人『フランスの地方都市にはなぜシャッター通りがないのか』学芸出版社、２０１６年

＊2　ＥＵにおける法令としての規則（Régulation）は、すべてのＥＵ加盟国に直接適用され、加盟国の国内法と同じ拘束力を持つ。

＊3　２０２１年12月28日、道路交通法Ｄ３２８-３条の適用に関するアレテ（執行命令）による。アレテは、一定の法律効果を発生させる行政立法や決定を指す。明示を義務づけられたメッセージのフランス語は、《Pour les trajets courts, privilégiez la marche ou le vélo》《Pensez à covoiturer》《Au quotidien, prenez les transports en commun》。ハッシュタグは、《#Se Déplacer Moins Polluer》。

＊4　Décret n° 2019-1082 du 23 octobre 2019 relatif à la réglementation des engins de déplacement personnel。政令（デクレ）は、法律の適用条件を規定するために閣僚理事会で審議され、大統領らが発行し、官報に掲載される。

FRENCH
WALKABLE
CITY

4章

ディジョン：MaaSの活用と統合型スマートシティ

3章で紹介したモビリティ基本法の四つ目の柱は、デジタル時代の移動のイノベーションへの対応である。第25条で交通情報のオープンデータ化、第28～30条でマルチモーダルな移動手段の情報提供とチケットサービスの導入等に関する基本方針を示した。本章ではフランスにおけるＭａａＳの現況と、現在フランスで最も先進的なスマートシティを展開するディジョン市の取り組みを紹介する。

1 行政が主導するMaaS

人口15万人のディジョン市は、フレンチマスタードで有名で、コートドール県に位置し、黄金の渓谷というその名が示すようにフランスを代表する高級ワインの産地でもある。パリから南に３１０㎞、リヨンから北に１９０㎞に位置する。ディジョン市は周辺の23のコミューンと、人口26万人の広域自治体連合メトロポール・ディジョン（ディジョン市と区別するために、以下ディジョンあるいはメトロポールと表記）を構成している（下関市、函館市、徳島市、東京都渋谷区と同程度の人口規模）。徴税権があり、独自の財源、議会と行政機能を持つメトロポールが、この章で紹介するＭａａＳやスマートシティ計画などを策定、実行している。

自治体が民間企業に委託するMaaSアプリの運営

ディジョンでは、自治体（メトロポール・ディジョンを指す）が運行を委託したケオリス社（Keolis）が、DIVIAのブランド名で公共交通全般を管轄しており（写真1）、MaaSのサービスも提供している。すべての公共交通の経路検索とリアルタイム情報入手ができるアプリで（図1）、わかりやすい乗り換え情報を提供し、公共交通の利便性を高める工夫が行われている。自動車の渋滞情報、駐車場情報ともリンクさせて、多様な移動の利便性を向上しているほか、電子チケットや定期券の購入も可能でキャッシュレス化も進んでいる。これらのアプリは通常、自治体が公共交通の運行業務を委託する事業者に開発させるが、事業者が民間のデジタル・デベロッパーに開発を委託することもある。

公共交通を利用する市民は、ケオリス社の営業所で無料のICチップ付きDIVIAカードをつくり、一定金額をあらかじめチャージする。

日本のICカードとの違いは3点ある。第一に、バスやLRTだけでなく、シェアサイクル、シェアカーや駐車場などモビリティ全般の支払いが一つのカードで可能になっていること。自治体が管理する駐車場やシェアサイクル、カーシェアリングの利用料は、月末に登録済の銀行口座から引き落とされる。第二に、自治体が社会運賃（利用者の所得に応じて運賃が設定される）を適用しており、日本に比べて非常に運賃が安いこと。回数券やさまざまなモビリティを連結させた幅広い商

写真1　LRTや路線バスなどの公共交通が充実しているディジョン

図1　メトロポール・ディジョンが公共交通の運行を委託するケオリス社が管轄するMaaS。左：経路検索、中央：停留所の到着時刻、右：運行情報（出典：DIVIA）

品が用意されており、26〜60歳を対象にしたバス・LRT乗り放題の定期券は1カ月42ユーロ（約5880円）である。第三に、DIVIAカードはメトロポール内で利用可能で、全国では使えない。金額のチャージなどは自宅からできるが、すべての手続きがネット上で完結するわけではない。個人情報登録のために、一度はケオリス社の営業所に赴く必要がある。これは、地域住民であることを前提として、カードに自治体からの助成によるさまざまな割引が設定されているため、発行には基本的に前年度の納税証明書の提出を伴う本人確認手続きが必要となる。

なぜ、交通情報のオープンデータ化が必要なのか？

フランスの人口10万人以上の多くの地方都市では、1枚のICカードで多様な移動手段を利用でき、AOM（広域自治体連合のモビリティ管轄当局）運営の移動手段の情報提供、決済、場合によっては予約まで各種サービスが統合されている。交通政策を都市計画やインフラ整備と一体となって推進していることも多く、スウェーデン・チャルマース工科大学★のザナ・ソショール氏のMaaSの定義によれば、レベル2のサービスを提供している（表1）。

人口が40万人以上のメトロポールと呼ばれる広域自治体連合では、配車サービス（Uber）やタクシー、自治体の許可を得た民間事業者が運営するシェアサイクルやマイクロモビリティなど、提供される移動サービスは多岐にわたる。City Mapper、Google Map、Moovitなど民間による移動

レベル	レベル定義	内容	日本の事例	欧州の事例
レベル4	政策の統合	インフラ整備などの交通政策を、都市計画と整合性をもって策定		フランスの自治体の都市計画には、交通政策が統合されている
レベル3	サービス提供の統合	多様な移動手段を一元化して、定額制のパッケージとして提供	東京フリー切符などの1日乗車券 (ただしMaaSとして、他の交通手段情報とリンクしていない)	・Whim（フィンランド、イギリス、オランダ等） フランス国内 ・Moovizy(サンテティエンヌ) ・EMMA(モンペリエ) ・Compte Mobilité(ミュールーズ) ・Pass Urbain(リヨン) など多数
レベル2	予約・決済の統合	さまざまな移動手段の予約・決済・発券の統合化	沖縄MaaS実証事業 (バス、モノレール、離島への船便などの情報統一とチケットの電子化)	・Moovel(ドイツ) ・フランスの地方都市の移動アプリ(公共交通の経路検索と電子チケットや定期券の決済が可能。シェアサイクル、シェアカー、駐車場利用等を含む都市もある。民間タクシー情報などは含まない)
レベル1	情報の統一(経路や料金)	経路と料金情報が一元化されて表示	ナビタイム	・City Mapper ・Google Map ・Moovit
レベル0	統合なし	それぞれの交通サービスが分離して機能	東京の地下鉄 日本のタクシー	

表1　ザナ・ソショール氏によるMaaSのレベル定義。なお、欧州の事例は2021年の状況であり、現在は新たなサービスも増えている

（出典：Jana Sochor et al.,"A Topological Approach to Mobility as a Service", ICoMaaS 2017 Proceedings, 2017 に筆者加筆）

図2　フランスにおけるMaaSのイメージ。マルチモーダルな移動情報の提供に料金の決済機能を付けたプラットフォーム

（出典：Ministère de la Transition écologique・ATEC ITS France, Jean Coldefy の図に筆者加筆）

案内サイトも乱立している。City Mapperなどの民間アプリでは、公共交通、シェアサイクル、キックボードなどの多様な移動手段の行程・料金・所要時間・二酸化炭素排出量まで把握できる。しかし、これらの民間アプリでは行程や料金の比較はできるが、アプリでの公共交通の切符の決済や予約はできない。エコロジー移行省が行ったアンケートでは、回答者の23％が「もし一つの共通チケットで、すべての移動手段を利用できれば、もっと公共交通を利用する」と回答した。そこで、政府は車以外の移動手段の利用をより進めるため、モビリティ基本法で交通情報のオープンデータ化を促している。つまりフランスにおけるＭａａＳとは、既存のすべての移動手段の情報提供サービスに、料金の決済機能を充実化させてゆくことを指す（図２）。

誰がどのようなデータを提供しなければならないのか？

マクロン大統領が経済大臣の時代に制定した２０１５年の通称「マクロン法（loi n° 2015-990 du 6 août 2015 pour la croissance, l'activité et l'égalité des chances économiques）」では、ＡＯＭに定時運行に関するデータ公開と提供をすでに義務づけていた。ＥＵでは「ＥＵ委任規則２０１７／１９２６」（２０１７年5月31日）のアジェンダで、ＥＵ全体でマルチモーダルな移動情報サービスを利用可能にするため、定時運行を行う鉄道やバスの経路、時刻表などのオープンデータ化を盛り込み、２０２３年を期限として、誰もが自由にアクセス可能なデータの提供を自治体と事業者に義務づけた。

一方、フランスのモビリティ基本法では、2021年12月までに、すべての移動サービスのデータ公開をAOMに義務づけ、AOMが管轄する交通の静的・動的データ、駐車場の開場時間と利用状況、電気自動車の充電ポイントに関する情報などのオープンデータ化を規定した。2020年4月現在、フランスにある377のAOMのうち、199のAOMでオープンデータ化が完了している。定時運行を行わないタクシーやウーバーなどの配車サービスなどは、データ提供の義務はないが、シェアサイクル、乗り捨て式電動キックボードの民間事業者に対しては、自治体が営業許可を与える際の条件として、データ提供を義務づけている。

どのようにオープンデータを供給するのか？

2017年のEU委任規則では、加盟国がすべてのデータを格納する単一のアクセスポイント（デジタル・インターフェイス）の設置を規定した。これを受け、フランスでは2020年2月に、単一のアクセスポイントが立ち上がった。公共交通サービスを提供する責務のある自治体が、国のアクセスポイントのポータルを介して、情報の作成と普及のガバナンスを確保することが可能となっている。一方、交通量の多いパリを中心とするイル・ド・フランス州、リヨン、ボルドーなどは地域ごとに構築したポータルにデータを載せている。

バス運行のデータを集結して作成・公開・更新する作業は事業者にとっては負担が増える。その

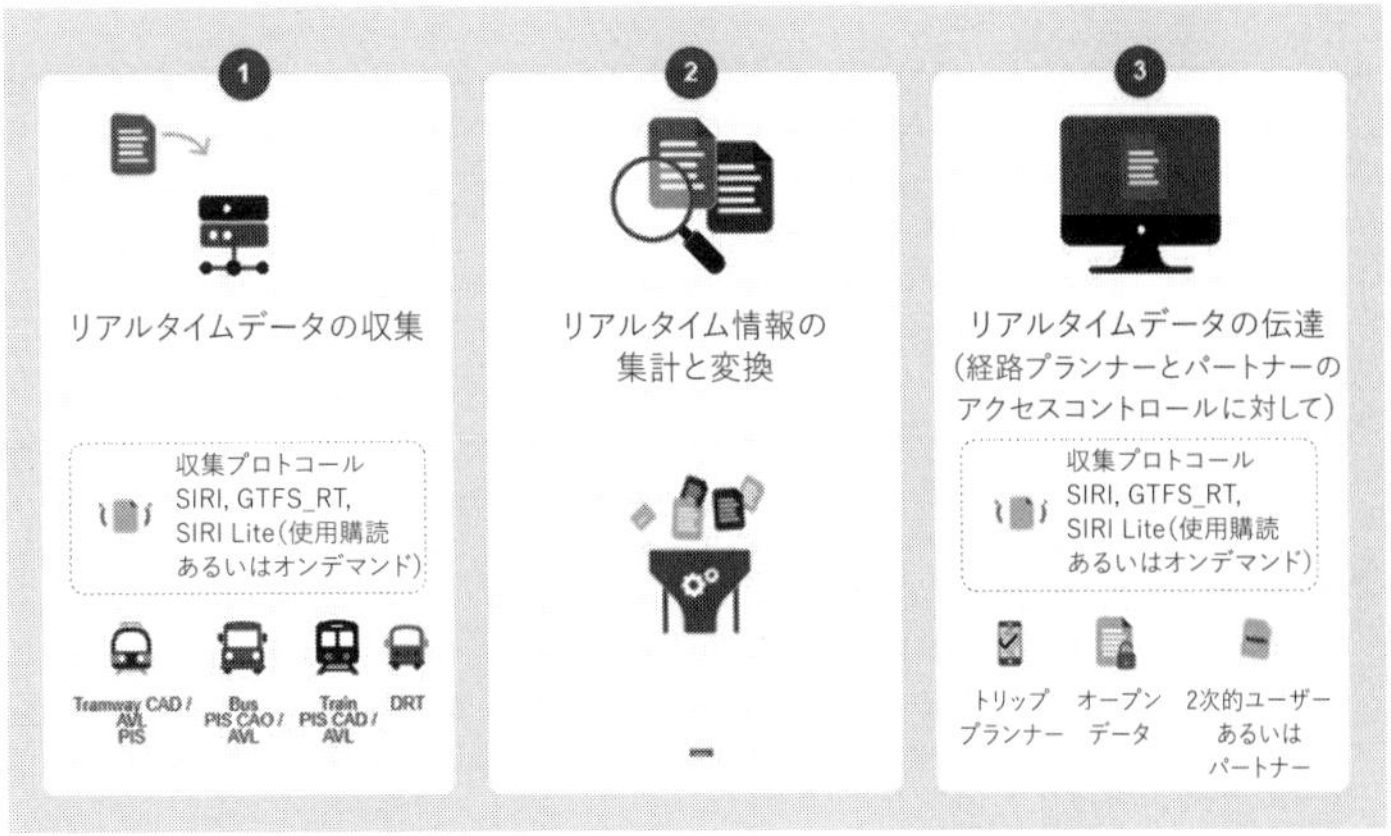

図3　動的データの管理システムソフト「Ara」のイメージ図。公共交通の運行に関するデータを取得し、標準仕様のフォーマットとプロファイル（NeTEx、NEPTUNE、GTFS、SIRIなど）に変換する（出典：Ministère de la Transition écologique の図に筆者加筆）

ために、質の高い「オープンデータ」の公開を促進するために、エコロジー移行省が主体となって、オープンソース・ソフトウェアも開発した。静的データを管理するソフトは「Chouette」で、リアルタイムの動的データを管理するソフトは「Ara」（図3）である。

これらのシステムソフト（SaaS：Software as a Service）へのアクセスは、自治体、AOM、運輸事業者、政府省庁などの公共機関や、専門家・コンサルタント、ソフトウェア開発企業、サービス開発企業などモビリティサービスやシステムプロバイダー等の交通関係者を対象としている。モビリティ分野のすべてのプレイヤーが共有できる標準仕様の規格を採用して、公共交通機関のデータの管理や更新を容易にすることを目的としており、すでにフランスの多くの交通サービス提供機関が利用している。このデータは、公正・

合理的・無差別に提供されなければならない。国際輸送フォーラム★（ＩＴＦ）によると、ＩＴ人材が不足している小規模なＡＯＭには国からの技術支援もあり、プログラムソフトを無料提供することもあるそうだ。

誰がオープンデータを利用できるのか？

オープンにされた交通データは完全に自由利用できるわけではなく、その利用目的はモビリティ基本法で以下の三つに限定されている。

①利用者への多様な交通手段とその情報の提供の最適化
②障害者や移動に不自由のある人のための情報や交通手段の改善
③道路交通の安全性と事故発生時の対応の質の向上

そのため、現時点ではＭａａＳを商業施設への誘導やイベント案内などに利用したり、他のサービス分野と連携させることは考えられていない。

ＭａａＳ開発事業者（プラットフォーマー）には、地域のすべての公共交通情報を包括して利用者に提供することが求められている。ＭａａＳ開発事業者がデータ提供元に支払う費用は、新技術の発展を妨げることのないよう適切な額を設定するとされているが、基本的にオープンデータ＝無料というわけではない。なぜなら、データ利用に対する課金がなくても、データ伝送量が多いときにはブロードバンドの使用料は誰かが負担する必要があるからだ。またデータの信憑性やクオリティをコントロールできる人材の人件費も発生する。今後、MaaSの発展は、こうしたオープンデータを扱える人材をどれだけ確保できるかにかかっていると言える。

フランスのMaaSの特徴

「公共交通の供給がAOMにより一元化されている」「自治体が車の代替モビリティを積極的に支援している」といったフランス特有の事情を鑑みると、Whim（フィンランドほか）、Moovel（ドイツ）のように、データ利用者や交通利用者の支払いだけでMaaSを商業的に成功させることは、フランスでは難しいかもしれない。フランスでは、公共交通機関の運賃設定を管轄するAOMやAOMから委託された運行事業者が、ディジョン、ミュールーズ、モンペリエ、リヨン、サンテティエンヌで、MaaS開発の中心的な役割を担っている。

MaaSは単なる、Door to Doorのマルチモーダルな経路検索、オンライン予約システム、スマートな支払いシステムではない。フランスの場合、MaaSは交通格差の減少、国民の移動をより充実化させることに役立つツールと捉えられている。究極の目的は、中心市街地における自動車通行を抑制し、「歩ける都心」を実現し、環境保全や街の賑わいに貢献することである。よってMaaS開発の唯一の目的は、利用者の公共交通利用の利便性を高めることで、いかに1枚のカードで複数の移動手段を簡単に乗り継げるかがキーとなる。

なぜ、交通以外の情報をMaaSに搭載しないのか？

ディジョンの公共交通の運行を担うケオリス社が管理するＤＩＶＩＡのサイトでは、すべてのモビリティ手段の経路検索ができるが、タクシーやキックボードは含まれていない。「キックボードが使えると公共交通の利用も増えるので、その情報をＭａａＳに含める」と自治体が決定すれば、ケオリス社がキックボードのシェアサービスなどの情報をＤＩＶＩＡのサイトに載せることは可能だ。

日本ではＭａａＳアプリにイベントや商業施設の情報を掲載して、付加価値を付けたものが多い。２０２２年時点で、ディジョンではイベントや商業施設の情報をＭａａＳに搭載することは考えていないそうだ。その理由は、たとえばＭａａＳにプールの開園情報を搭載すればシステム導入に５千ユーロ（約70万円）が必要だが、プールの年間収入が２～３千ユーロ（約28～42万円）である場合、投資の回収に時間がかかりすぎると、自治体が判断しているからだろう。

ケオリス社は世界中で公共交通の運行を受託するビジネスを展開しているので、さまざまな新しい技術的な提案を自治体に対して行うが、常に発注者は自治体である。ケオリス社は独自に開発したプラットフォームNaviaを通して、域内の複数のモビリティを利用した検索・支払いツールとして機能するアプリを提供している。Naviaの開発に国は一切関与していない。海外でもケオリス社が運行事業を展開している都市では、同じシステムを採用している。

フランスの人口の少ないコミューンのモビリティを管轄するのは州政府である。バスしか公共交通サービスのないコミューンにおいては、人口規模の大きい広域自治体連合のように運行事業者にMaaSシステムの開発を依頼できない。よって国にシステム開発のサポートを依頼したり、あるいはシティウェイ社（Cityway）などのシステム開発事業者に州政府がMaaSアプリの開発を依頼している。日本では、過疎地、観光地、都市部それぞれの特徴を踏まえたMaaSを開発しているように、フランスでも、このように多様な移動手段が充実している都市部だけではなく、公共交通サービスの密度が低い郊外や農村部でも既存サービスの利便性を高めるためにMaaSを活用できるとしている。また、マイカー利用者に代替となるモビリティサービスに関心を持ってもらうよう、駐車に関するサービスや、カーシェアリング等の情報提供をMaaSに組み込むことに積極的である。公共交通利用など考えたことがないマイカー利用者にも、多様な移動手段が可視化されているアプリを見てもらうことが重視されている。一方、日本においてMaaSを推進する目的は多様である。支払い機能に関しては、Suicaなどの交通系ICカードなどが全国利用可能となり高い利便性が確保されている。これからは高齢者にもわかりやすい経路検索と決済機能を組み合わせて、公共交通の利便性を高めるアプリの開発が待たれる。

2 行政とコンソーシアムが協働するスマートシティ

自治体が政策主体となるスマートシティの実現

フランスではスマートシティを、「コネクトされたインテリジェントな都市（Ville intelligente connectée）」と表現し、情報通信技術（ICT）を利用して、都市サービスの質を向上させ、そのコストを削減するプロジェクトと捉えられている。自治体がイニシアティブをとり、防災、観光、交通、エネルギー、環境などの観点からスマートシティ化を進めている（図4）。具体的には、交通・輸送システム、情報システム、学校・図書館・病院などの公共建造物や、水道・廃棄物処理などの監視・管理を自治体が一元的に行い、都市の危機管理マネジメントとしても機能する（図5）。

現在約40の自治体で、行政業務のデジタル化を中心とするスマートシティ・プロジェクトが稼働しており、パリ市では水道管理、モンペリエ市では土壌に湿度センサーを設置して公園や道路の植栽物への給水量を調整するなど、プロジェクトベースのスマートシティ化を実装している。このようなスマートシティ・プロジェクトは自治体が主体となり実施している。

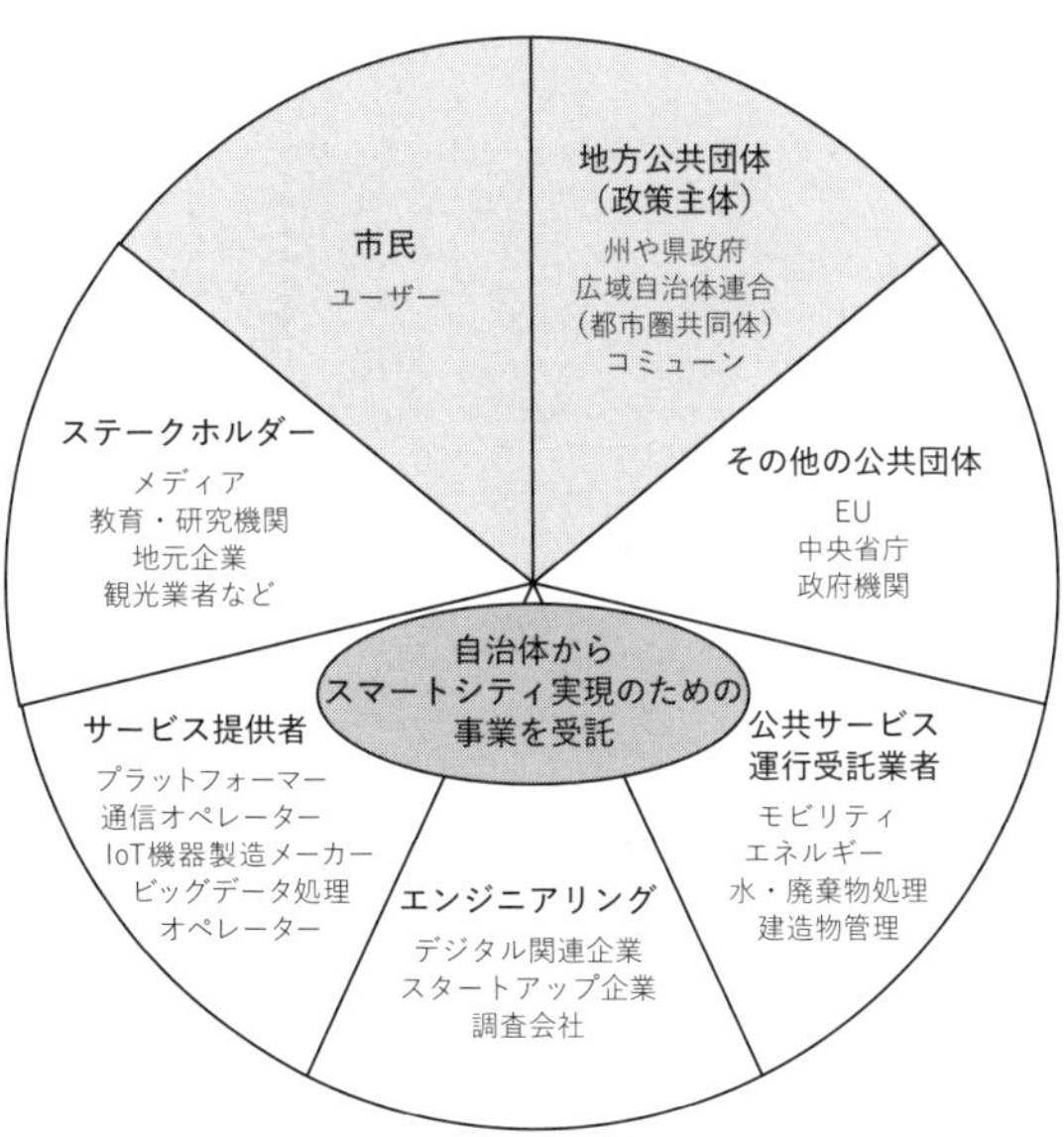

図4　フランスのスマートシティのステークホルダー
（出典：Ministère de l'Economie, des Finances et de la Relance のレポート（2021年）をもとに筆者作成）

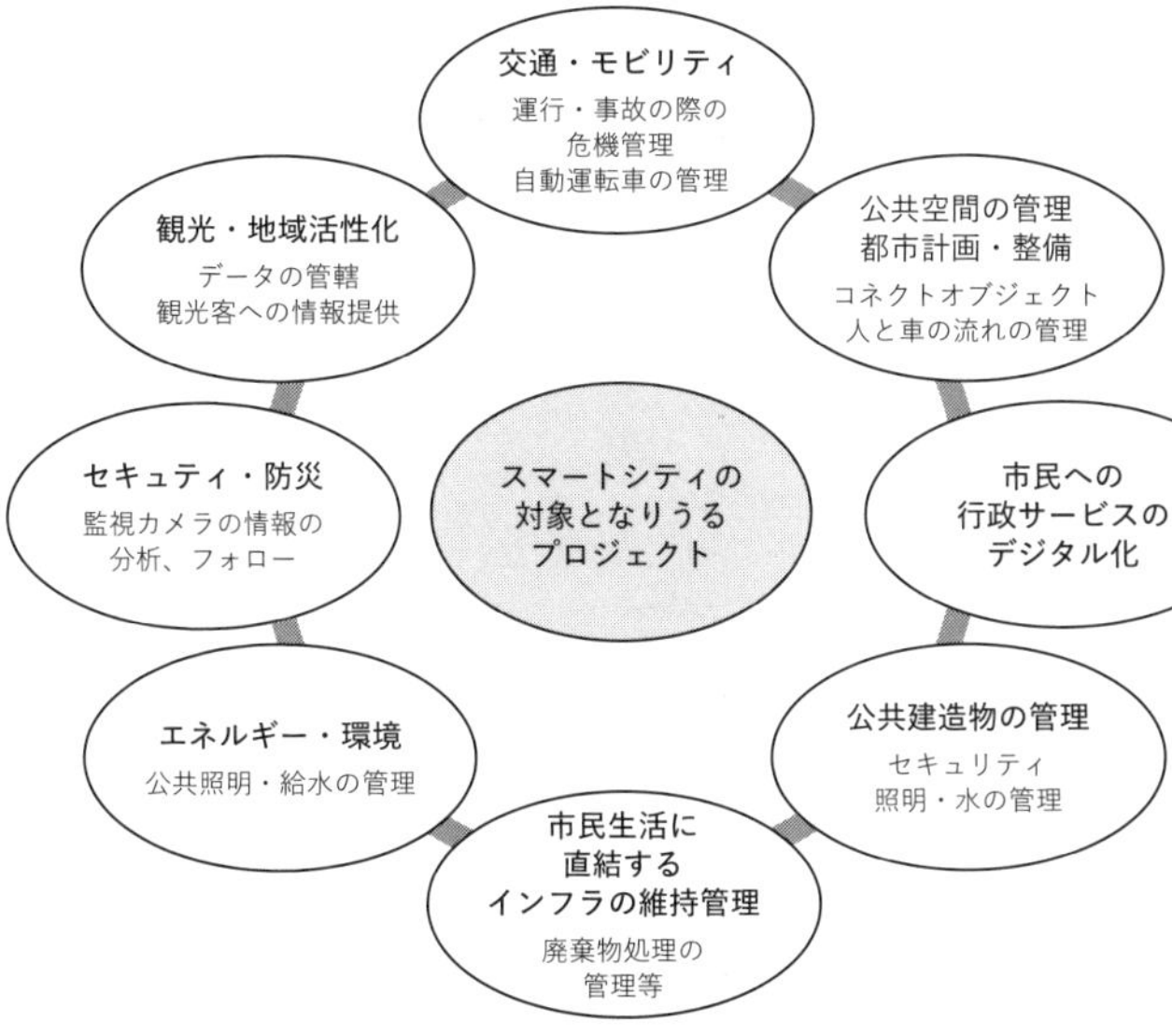

図5　フランスのスマートシティの対象プロジェクト
（出典：Ministère de l'Economie, des Finances et de la Relance のレポート（2021年）をもとに筆者作成）

フランス初の全市統合型スマートシティの実現

フランスで全市エリアを対象とした行政主導型のスマートシティ構想を具体化したのは、人口26万人のメトロポール・ディジョンである。このような地方都市で画期的なプロジェクトが実現したのは、首長のリーダーシップによるところが大きい。

フランスでは政治家の兼職が可能で、地方都市の首長（本書では市長と言う）が日本の参議院に当たる上院に議席を持ったり、中央政府で閣僚として活躍することは珍しくない。2001年から4期にわたってディジョン市長を務めるフランソワ・ラブサメン氏★も例外ではなく、2014〜15年に労働大臣を務めた。ラブサメン氏はメトロポール・ディジョンの議長も4期務めており、2008年にLRTの導入を議会で提案し、2012年には2系統の路線を約20㎞開通させた。そして2015年にラブサメン市長はディジョンのスマートシティ・プロジェクト「オン・ディジョン（On Dijon）」を発表した。

スマートシティ「オン・ディジョン」のビジネスモデル

スマートシティ・プロジェクト「オン・ディジョン」を担当する副市長兼メトロポール議会議員であるドゥニ・アモー氏★（写真2）が、2010年代に議会でこのスマートシティ構想を提案した。

写真２　オン・ディジョン起草者のドゥニ・アモー副市長。左のパネルには、「スマートシティ・オンディジョン／コントロールセンター　2019年4月11日創設」と記載されている

発想の原点は、いたってシンプルである。当時メトロポールのエリアにおける公共照明の点灯・メンテナンスに年間６００万ユーロ（約８億４千万円）を支出しており、10年間で６０００万ユーロ（約84億円）の予算が必要だった。そこで６０００万ユーロの予算で他に何ができるか、調査を始めた。また、都市管理の各部署間で情報共有が行われていなかったことを反省して、防犯対策なども含めた全体的な都市管理を見直した。

その上で、２０１５年にメトロポールが主体となり、都市のインフラデータを活用した都市運営が可能となるスマートシティ・プロジェクトについて、一般企業に入札をかけた。応募する企業群には、自治体が所管する警察・防犯・災害・交通・防雪をまとめるシステムとその総合制御センターの設立、市民への行政サービスの一括化を求めた。

２年後に落札したのは、大手通信・建築・不動産企業ブイグ社（Bouygues）の子会社を代表とする４社から成るコンソーシアムであった。フランス電力会社ＥＤＦの子会社シ

コンソーシアム（ガバナンスからアクションの原則、それぞれの知的所有権の確認）

ブイグ・エナジー・アンド・サービス社（リーダー）

コントロールセンターとその IT ツールすべての設計・構築・保守を行う

ブイグ社がメトロポールを代表してプロジェクト全体のマネジメントを担当する

デジタル技術を専門とする子会社 Axione

メトロポール内の 23 の自治体を結ぶブロードバンドネットワークの敷設・運用を担当

キャップジェミニ社

都市監視プラットフォームを開発し、都市圏で発生する事象をリアルタイムで統合表示し、その地域の接続システムや公共施設を予測・管理・監督するための意思決定支援情報を提供

シテラム社

マルチビジネスデジタルプラットフォーム「MUSE®」（集中管理ステーションのソフトウェア基盤）を展開。このプラットフォームにより、工事や設備の保守管理、新たに導入されるコネクテッドサービス（公共照明・信号機・アクセス端末・映像保護など）の連携が可能になる

MUSE®は、機器の参照、プレイヤー間のインタラクション、都市空間でのイベントの記録、都市のさまざまな部門へのデータ提供を可能にする

スエズ社

複雑な都市システムの設計およびソリューションの計画・設計・導入を行うインテグレーターとしての専門知識、市民への都市サービスの機能・用途の定義と、プロジェクトマネジメントのノウハウの提供。顧客・ユーザーとの関係管理を含む日常的なサポート、インフラ運用の保障

図 6　オン・ディジョンを担うコンソーシアム企業の事業と役割
（出典：Dijon Métropole の広報誌をもとに筆者作成）

テラム社(Citelum)は公共照明システムを、水と廃棄物処理事業でフランスを代表する企業スエズ社(Suez)は市民サービスの統合化を、欧州最大のコンサルティング企業であるキャップジェミニ社(Capgemini)は、センシング機能を備えたコントロールセンターのプラットフォーム構築をと、都市運営に関わるそれぞれの企業がそのノウハウを供給しあうプログラムを構築した(図6)。

ＥＵが第７次研究枠組計画におけるＩＣＴプロジェクトとして、3億ユーロ(約４２０億円)の予算で、２０１１年から5年計画で次世代インターネット官民連携プログラム(FI-PPP)を実施したことも後押しとなった。そのプログラムの一つであるFI-COREプロジェクトで開発された、オープンソース・ソフトウエアがFIWAREである。FIWAREは、スマートシティに適したデータ管理・共有機能や、ＩoＴデバイス管理、セキュリティなどの機能を提供する複数のソフトウエア・モジュールで構成されており、スマートシティを支える情報基盤としての「都市ＯＳ」となる。ＩoＴ技術などを活用して収集した防災・観光・交通・エネルギー・環境などさまざまな分野のデータをクラウド上で蓄積し、共有・分析・加工して、行政や市民に必要な情報を提供できるFIWAREは、ディジョンを含めて欧州の多数の都市でスマートシティを実現するシステムに活用されている。

２０１８年2月には、ブイグ社をリーダーとするコンソーシアムと自治体は、システムの実現・操業・メンテナンスを含む12年間のグローバルな契約を1億５００万ユーロ(約１４７億円)で締結した。そのうち５３００万ユーロ(約74億2千万円)はメトロポール、ディジョン市、ブルゴーニュ・フランシュ・コンテ州、欧州地域開発基金（ＥＲＤＦ）などの公的機関が出資した。

興味深いのは、一貫してコンソーシアムに対応した行政の窓口である事業部は、「公共空間および市民の生活環境部」の「防犯・交通コーディネーション課」のスタッフであったことだ。デジタル事業部でもなく、スマートシティ事業部を新しく立ち上げたわけでもない。スマートシティが、市民生活の利便性を高める目的であることがこの担当部局からもうかがえる。

「なぜ、フランスでＬＲＴ導入や土地整備事業などの大型公共事業の際に見られる、自治体の首長が経営トップに就く地方公社や、官民合資の会社を設立しなかったのか」とアモー副市長に質問をしたところ、「都市圏全体のスマートシティ構想はイノベーティブなプログラムであるため、その実現のリスクを官民で分担した」との回答があった。

自治体とコンソーシアムが連携してスマートシティを実現するディジョン・モデルは、他の自治体にも適用可能として、メトロポール・ディジョンでは情報をオープンに開示している。２０１９年以降、２５０の自治体から視察を受け入れ、海外からも50団体が同市を訪問している。

ディジョンでは、セキュリティ・交通・照明に焦点を当てた構想からスタートしたが、アンジェロワール・メトロポール★（7章参照）では、植栽への給水コントロールと家庭ごみ収集管理などもデジタル・コントロールの対象とした。ディジョン同様、アンジェロワールもグローバルな契約を２０１９年に民間企業と締結し、12年間で１億２１００万ユーロ（約１６９億円）が投資される。契約に定められたパフォーマンス目標では、プロジェクトの償却期間25年間で累積１億１００万ユーロ（約141億円）の節約につながるはずだが、公表パフォーマンスが達成されない場合は、契約先のエンジー社（Engie）にペナルティが課せられる条項がメディアを賑わせた。

スマートシティで市民に何を供給するのか？

■スマートシティの目的

ディジョンでは、次世代の市民のために、多様性を尊重したエコロジカルな都市を創造する政策が最も重視されている。「オン・ディジョン・プロジェクトは、エコロジカルな都市を創造するためのよりインテリジェントな都市マネジメントのツールであり、都市を発展させるプロジェクトの一つである」とアモー副市長は強調した。つまり、スマートシティは利用可能な技術に基づいて企画するのではなく、市民のニーズに基づいて構築されてきた。市民に対する説明の中でも、自治体は「移動手段の利便性を図る」「公共空間におけるセキュリティの強化」「住民参画を増進させる」ことを挙げている。

■スマートシティでどう都市をマネジメントするのか

メトロポール・ディジョンは、「スマートシティ・プロジェクトについて、新たな投資を行うのではなく、公共照明、カメラ、建物のセキュリティなどの都市設備への投資と更新プログラムの一

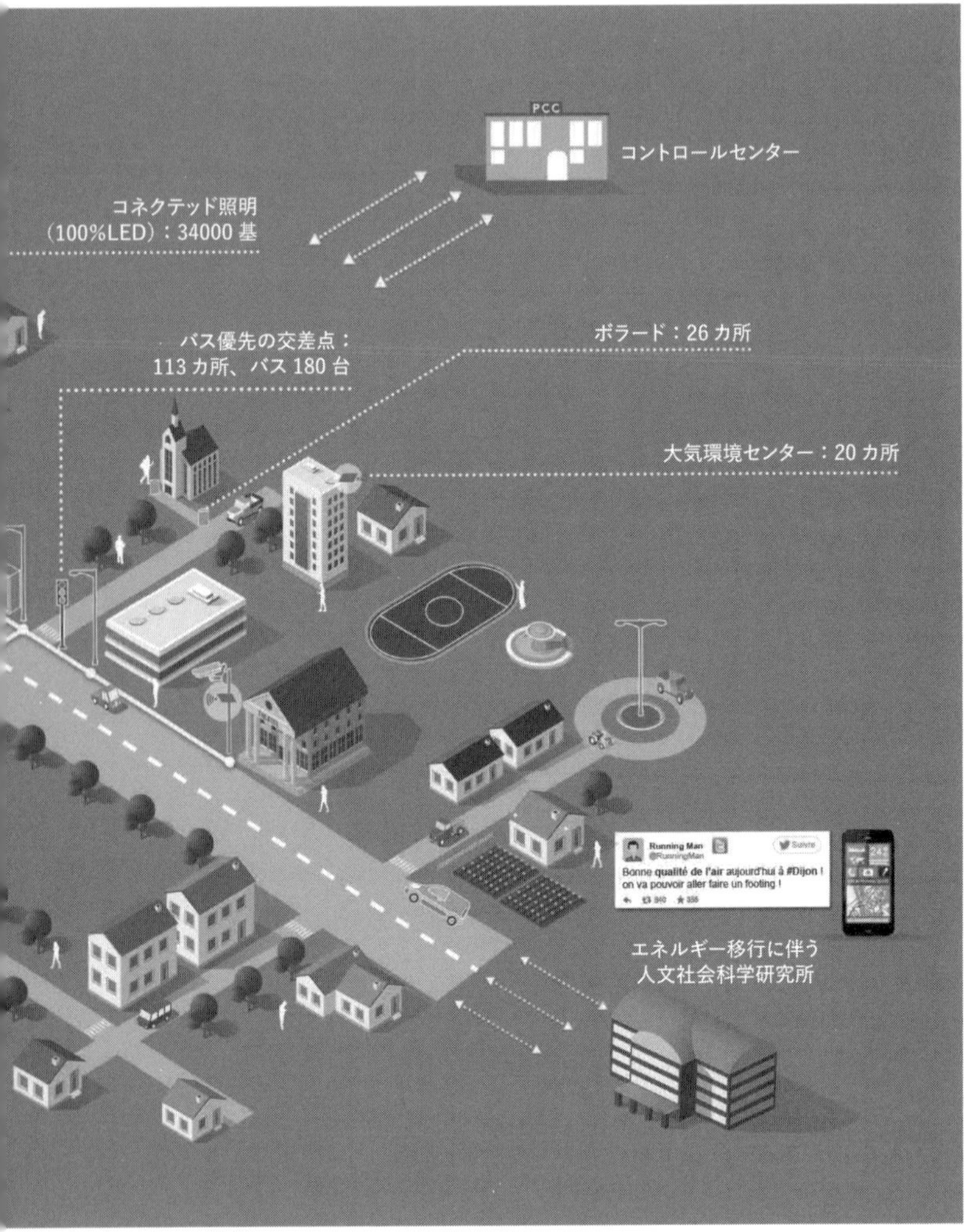
PCC
コントロールセンター
コネクテッド照明
（100%LED）：34000 基
バス優先の交差点：
113 カ所、バス 180 台
ボラード：26 カ所
大気環境センター：20 カ所
Running Man
@RunningMan
Suivre
Bonne qualité de l'air aujourd'hui à #Dijon !
on va pouvoir aller faire un footing !
エネルギー移行に伴う
人文社会科学研究所

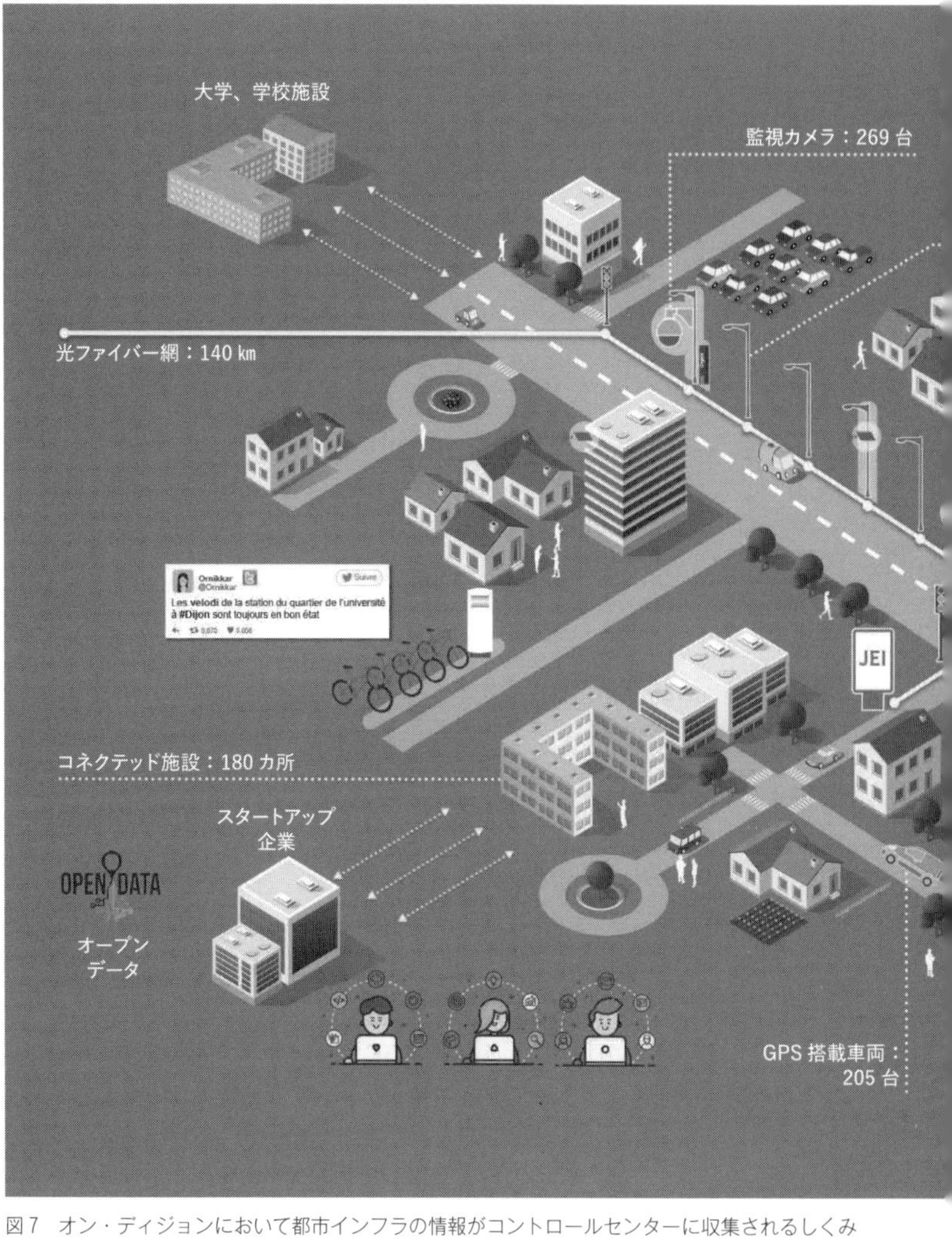

図 7　オン・ディジョンにおいて都市インフラの情報がコントロールセンターに収集されるしくみ
（出典：Dijon Métropole の図に筆者加筆）

環として、すでに計画していたものが大部分を占めている」と市民に説明している。決して新しいシステムに税金を使用するわけではなく、予算化されている都市設備の必要な更新を利用して、新しい技術を活用して「スマートシティ化」するということだ。この契約は、中・長期的に見れば、公共照明にLEDを導入しより効果的に制御して、12年間で65％の省エネを実現するなど、節約効果を自治体は強調している。市民に対しても、スマートシティとは具体的にどのような都市マネジメントであるのかをパネルでわかりやすく解説している（図7）。

■市民とどのようにつながるのか？

市民とのコンタクトを何よりも大切にするディジョンは、行政と利用者の関係を円滑にするために、行政手続きの方法や期限を簡略化して、申請書類の非書類化を進め電子行政を推進している。

スマートフォンを利用した市民投稿サービスを導入しており、市民は照明の故障、粗大ごみの放棄、公共空間や道路での問題などをスマホで報告できる。2021年10月に発足したこの双方向性アプリ（図8）は、2022年6月で約5千回ダウンロードされている。投稿システムには、市民から受けた投稿内容に行政が素早く対応して、その処理結果を投稿者に伝える双方向性が必要とされたので、運用を軌道に乗せるまでには時間がかかったようだ。

この市民投稿システムのサービスは市民に「コネクトされたインテリジェントな都市」というスマートシティのイメージを理解してもらいやすいため、オン・ディジョン・プロジェクトの立ち上げと同時に始めている。また、スマホの操作が苦手なすべての年代層の市民を考慮し電話でも問い合わせが可能な市民ポータルサービスを、オン・ディジョンのコントロールセンター開設と同時に発足させた。

図8　市民がスマホで行政に投稿できるアプリ。左上から「廃棄物の不法投棄」「公共照明」「アーバンファーニチャー」「放置車両」「道路」、右上から「水道・下水」「緑地」「衛生一般」「違法看板」。これらの分野ごとに、ジオローカリゼーション（利用者の位置情報認識技術）を伴うスマートフォンを通して、市民から自治体に情報を伝える

官民の職員が働くコントロールセンター

ディジョンでは、オン・ディジョンの契約発表後18カ月という驚くべきスピードで、2019年4月にコントロールセンター（写真3）をオープンさせた。システムの構築、半年以上のテストを経て、2021年10月から、複数の都市機能（公共照明、映像保護、建物の安全・セキュリティ、

写真3　ディジョンのスマートシティ・コントロールセンター

左頁上：写真4　コントロールセンターのスクリーンでは、建物・公共照明・交差点などが色別に表示され、施設ごとの詳細なオンライン情報にアクセスできる
左頁中：写真5　コントロールセンターのスクリーンでは、エリア内で進行中の工事の一覧を地図とともに確認できる。左はコンソーシアム企業の社員、右はアモー副市長
左頁下：写真6　照明などのインフラ制御は、対象エリアをメッシュ化することで可能

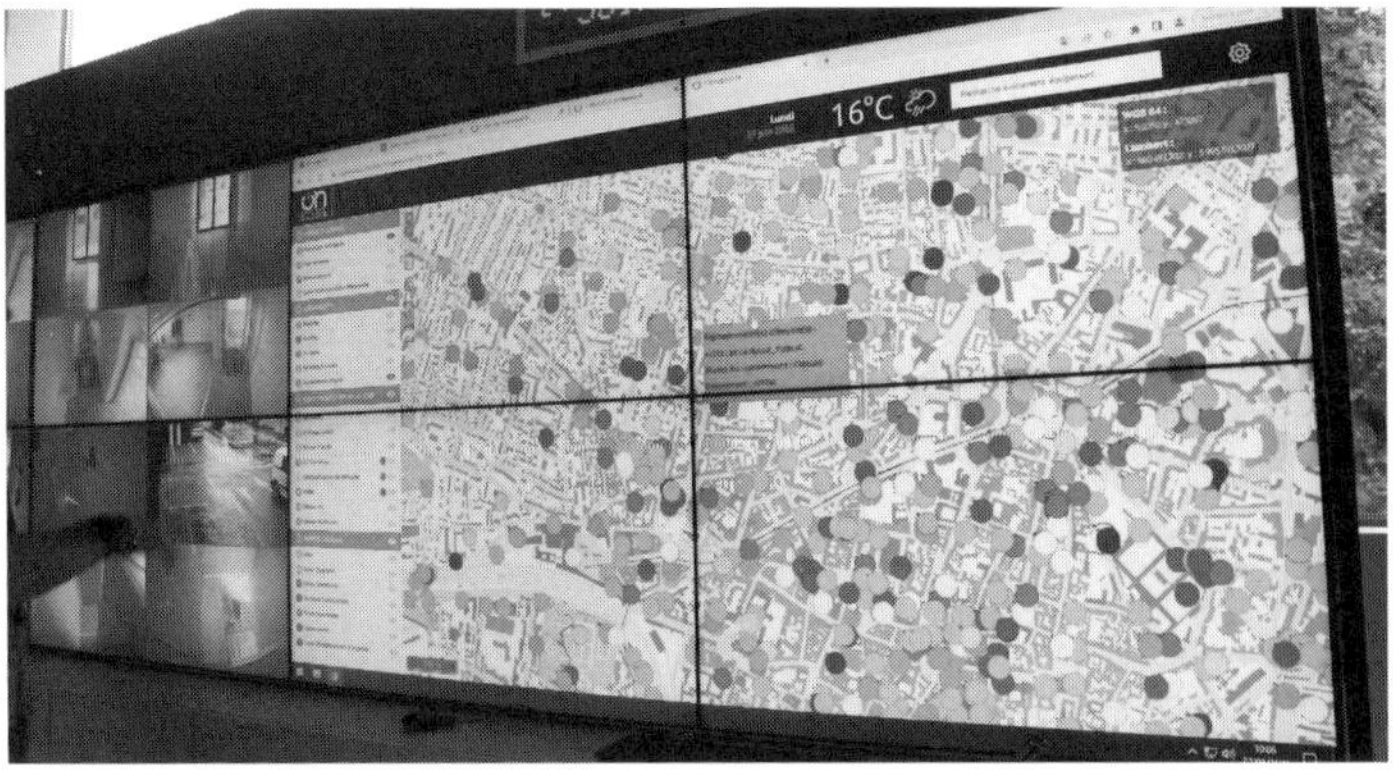
16°C

27 LUN JUIN 10:28 30
16°C

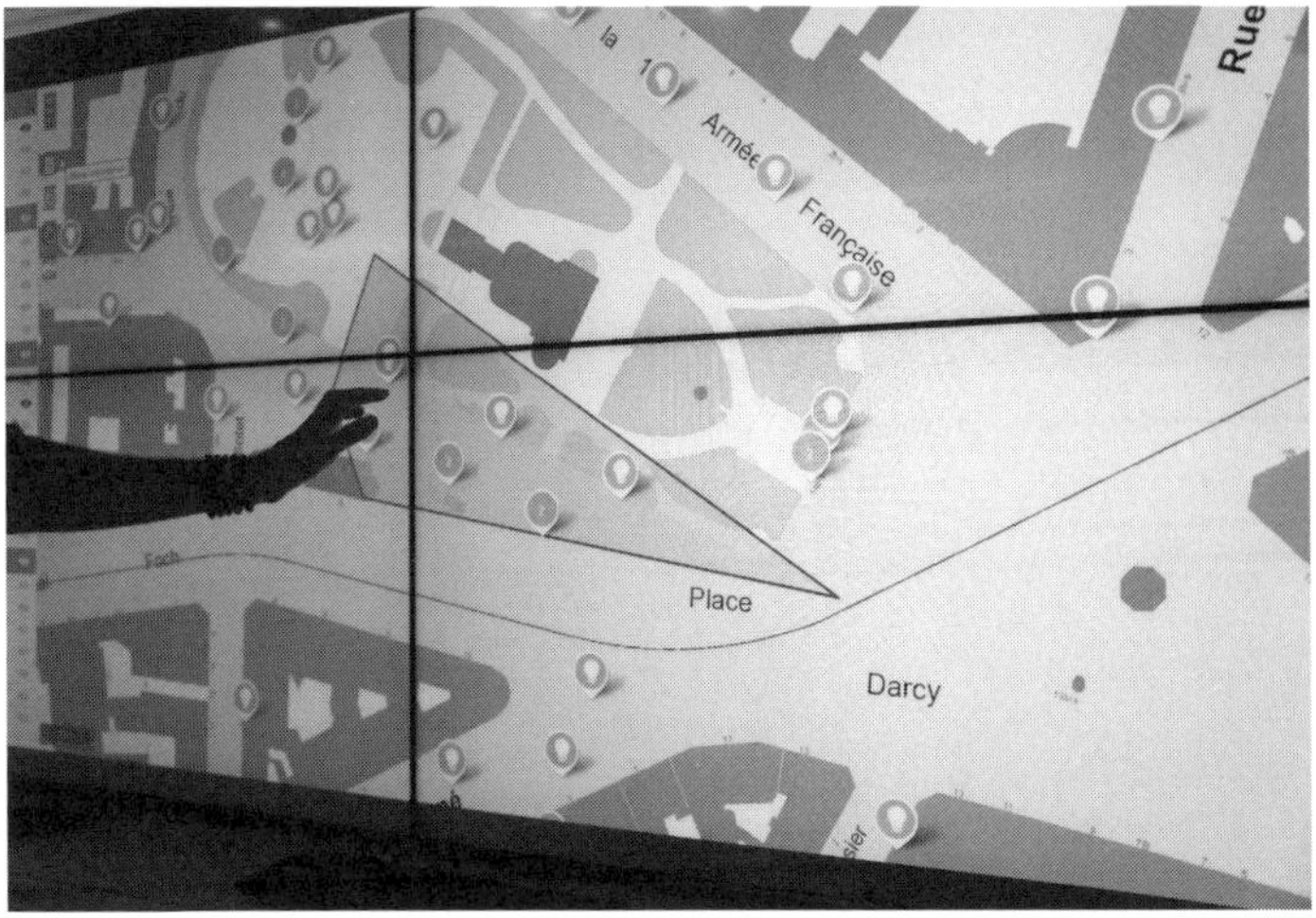
la
Rue
Française
Place
Darcy

移動・乗客情報、信号交差点の操作、スマート駐車（自治体が管理しているＰ＋Ｒや公道における駐車状況、駐車違反をパーキングメーターのデータから把握する）、車両群の監視）を１カ所にまとめて監督するために、コントロールセンターがフルに稼働し始めた。

コントロールセンターがある１２００㎡の建物には、自治体の各部署の職員約30名とコンソーシアムの民間企業の社員約20名、計50名が相互補完的・横断的に活動している。建物の入口そばにある市民ポータル部は、市政に関するあらゆる問い合わせ、行政手続きなどに関する７００件（対象人口は約26万人）の電話を１日に受ける。市民からの問い合わせの電話80％は対応が可能だが、２０２１年10月に発足したばかりなので、現時点では市民の満足度に関するレポートはまだない。市民ポータル部の階には危機管理室や会議室があり、階下に自治体が所管する警察署と、スマートシティのコントロールセンターがある。

センターの左手は都市運営管理部で大型スクリーンの前には、公共空間への介入を調整・管理し、建物や都市設備を遠隔監視するチームがおり、そのスタッフは主にスマートシティプログラムを構築したコンソーシアム企業の社員と行政職員である。センター右手の大型スクリーンの前には、メトロポール内で自治体から委託契約を受けて公共交通を運営するケオリス社のＤＩＶＩＡ担当チームが配置されている。万が一事故が発生した場合でも、交通運行事業者ケオリス社の職員、交通政策の責任者であるメトロポール職員と、警察が同じフロアで情報をリアルタイムで共有し、迅速な連携対応が可能になっている。

都市運営管理部のスクリーンにはメトロポールエリア全体が地図化され、建物・公共照明・ボラード・監視カメラ・交差点などが色分けされて表示され（写真4）、アイテムごとにリアルタイムで、エリア内で行われているガス・電気などのライフラインの工事、道路照明器具の修理工事、建築工事などが表示される（写真5）。エリア内での工事は事前にメトロポールに通知義務があり、通知がなければ工事許可は与えないしくみである。最初にデジタル管理に着手した公共照明に関しては、一つ一つの照明設備の内容と状態が地図に表示され、季節により変化する空の明るさに応じた照度や点灯時間の調整が可能である（写真6）。

450のリスクの解決策を官民連携で作成

オン・ディジョンのコントロールセンターのスクリーンパネルは危機管理ツールとしても機能しており、事故などが発生した場合は、リスクがランク化されてアラートが表示される。LRTの事故発生をモデルとしたデモストレーションでは、緊急アラートが鳴り、全関係先の連絡先と連絡内容がスクリーン上に表示される。連絡を受けた担当者からの応答や対応施策などの情報もスクリーンに表示され、連絡内容のやりとりのすべてが自動的に記録に残る。450あるアラートのうち、最も緊急を要する50件のリスクを設定している。

450のリスクを解決するソリューションシートの作成には、メトロポールの職員とコンソーシアムのプログラマーたちが、その準備に2年をかけた。アモー副市長によると、2019年3月以降、コンソーシアムとメトロポールの職員たちは100回以上の技術委員会やワークショップを開催した。コンソーシアムの事業者に丸投げするのではなく、実際にシステムを使いこなさなくてはならない行政職員を、解決プロセスを構築する過程に積極的に参加させたことは重要だ。各ソリューションシートでは、責任の所在が明確に見える化されている。アモー副市長は「大切なのは、リスクが起きた時のテクニカルな対応ではない。それは誰にでもできる。肝心なのは、誰が責任者なのかを定義することだ」と述べた。

個人データのデジタル・ガバナンス

スマートシティの取り組みに欠かせないオープンデータは、社会にとって有用な情報に、誰でもアクセスできるようにしなくてはならない。都市に設置されたセンサーから収集されたデータの活用とその保護は、自治体の公共サービスの中核をなす。フランスで初めて自治体規模でスマートシティを実現したメトロポール・ディジョンにとっても、オープンデータのガバナンスには十分な配慮がなされた。

フランスの自治体の個人データの保護は、「EU一般データ保護規則（GDPR：General Data Protection Regulation）」に準拠している。GDPRは、個人データ保護やその取り扱いについて詳細に定められたEU域内の各国に適用される法令（3章＊2参照）で、2018年5月に施行された。国内では、フランス情報システムセキュリティ庁（ANSSI）の勧告に従っている。

デジタルデータの保護に関する2019年12月19日のメトロポール議会の議決文書には、「個人データの保護は公共事業としての使命であり、自治体の任務である」と明記し、データの取り扱いに関する一般的な規則を早くから規定してきた。したがって、スマートシティのシステムを構築するために、コンソーシアムの事業者にデータの使用は許可しているが、その所有権は与えていない。メトロポール・ディジョンが収集・作成したデータの唯一の所有者である。住民の個人情報や個人が映った映像などを保護するため万全の配慮をしており、たとえば都市に設置されたカメラが私有の建物の窓を撮った映像は必ず見えないように保護されている。市民の個人情報を保護するため、産官学連携で倫理委員会も設立した。「情報通信と自由に関する国家委員会（CNIL）」とのカウンターパートとなる担当官も、オン・ディジョンのチーム内に配置している。

メトロポール・ディジョンが、個人データ保護のために実施しているデータガバナンスの具体的な施策は以下の通りである。

・データのセキュリティは、構想段階から一体的に管理することが決まっていた。
・信号機・公共照明・道路標識・監視カメラ等の設備や、モビリティ・エネルギー・水道などの公共サービス事業者から取得するデータは匿名化されている。これらのデータは、全体の利用状況を把握するためにのみ利用でき、各市民の行動を把握するためには利用できない（個人の行動は分析不可)。また個人情報を販売することはない。

・データには直接アクセスできない。情報をフィルタリングして保護するプログラミング・インターフェースを通じてのみアクセスできる。

・オープンデータは、常にコピーして運営側に提供され、オリジナルデータとは完全に切り離されている。

・セキュリティの監査は、情報システムのセキュリティマネージャーとデータ保護責任者の権限のもと、定期的に実施する。

施設の安全やハッキングなどの対処システムも考慮されているが、システムを乗っ取られるリスクは決してゼロではない。リスクに備えて、通信分野の最高の専門家を集めている。信号機・公共照明などの道路設備には自律性が保たれており、大規模な遠隔制御は不可能なしくみである。コントロールセンターで予期せぬエラーが起こったり、ハッキングされたりする事態が生じても、信号機の表示を変えることはできないようにプログラミングされている。

デジタル・ガバナンスを担う次世代の人材育成

オン・ディジョン・プロジェクトのさらなる推進には、都市マネジメントとデジタル・ガバナンスの双方のスキルを持つエンジニアの養成が必要である。ディジョンや州ではデジタル時代に対応

写真7　「スマートシティとデータガバナンス」の修士課程がある州立ブルゴーニュ大学
（提供：板垣友圭梨）

できる次世代を育成するため、その教育に力を入れている。

２０１９年３月、地元の州立ブルゴーニュ大学に「スマートシティとデータガバナンス」を専門とする、フランスで唯一の修士課程が創設された（写真７）。「スマートシティ」に関する知識の共有を促進し、公共団体・企業・高等教育や研究機関などの地域のステークホルダーとの連携により、革新的なスマートシティモデルの開発をサポートする。

私立大学であるフランス工業高等教育センター（ＣＥＳＩ）も２０１９年にディジョンに、ＩＴ・デジタル工学の専門コースを開設した。２０２０年９月からは、同じく私立のコンピュータサイエンスとエレクトロニクスエンジニアリングの専門学校（ＥＳＴＰ）が、「スマートシティ」「サイバーセキュリティ」「コネクテッドオブジェクト」「人工知能」を含むさまざまな分野におけるデジタルトランスフォーメーションを習得するコースを、ディジョンのキャンパスで提供している。

ディジョンのスマートシティの特徴

ディジョンのスマートシティの目的は、自治体が市民とのつながりを強化し、暮らしやすい都市をつくることであり、そのために新しいサービスの開発を試みている。自治体が主体となることで、スマートシティは短期間の社会実験ではなく、長期的に持続可能にするためのアプローチを開発している。民間企業による事業戦略の一環としてではなく、自治体が都市戦略として積極的に推進しているスマートシティの特徴をいくつか整理してみたい。

①行政のしくみに大きな変革をもたらすと考えられている。自治体内の組織の意思決定や業務調整、協働のプロセスを変革するだろう。職員たちは市中での工事・行事・事故・災害などについてリアルタイムで情報を共有し、すべての司令塔を同じ場所に集めることで、従来は制限が多かった各部署間の横断的な情報共有が可能になり、起こった事態に速やかに対処できる。そうした業務の迅速化の恩恵を受けるのは市民である。

②産官学の連携を推進している。オン・ディジョンでは、コントロールセンターの運営とデジタルツールによる公共サービスの開発を、官と民が協働して行ってきたのは画期的である。フランスでは長年、自治体が水道管理や公共交通運行などの公共サービスを民間に委託してきた。自治体と民間企業とのパートナーシップの伝統や受託先企業の専門性を活かしながら、官と民の新しい協働体制を構築し、運営・資金面での持続可能性を確保している。地域における人材

の育成にも積極的である。

③システムが基本的にオープンである。商業ベースでないフランスのスマートシティの理念は、情報の共有と連帯（行政と民間企業、行政と市民）である。システムやデータの相互運用性を時間をかけて構築し、プロジェクトや手法に関する協議の様子も公開するなど、ガバナンスの透明性が追求されている。

④市民をシステム利用の中心に据えた、市民中心主義である。「新技術」から発想するのではなく、「課題の解決、市民生活の向上」を重視する。できるだけ多くの市民がサービスを享受できるように、公平性、包摂性の確保に努めている。

⑤データの活用と保護に関するガバナンスが徹底されている。EU一般データ保護規則の厳しいルールに準拠し、自治体が公共データの管理を保証し、プライバシーが保護されている。

⑥災害時や緊急事態への備えのツールとしてもスマートシティを利用している。

ディジョンのスマートシティは、使える技術から出発したプロジェクトではなく、市民のニーズと行政側のより効果的な都市マネジメントの必要性に基づいて構築されたプロジェクトである。日本でスマートシティの社会実験を実施している前富山市長の森雅志氏が「ネット業界にいる人が陥りやすいことですが、『こういうこともできます。ああいうこともできます』と最先端の話ばかりをして、身の丈に合っていないことがよくあります。しかし基礎自治体で大事なのは、地に足をつけ、市民にとってそれがどう役に立つのかを考えることです」とブログで述べているが、まさにディジョンと共通する態度である。

フランスの自治体では、市民中心のスマートシティの実現を通じて、持続的な都市経営を図っている。そして、次世代の人材を育てることによりイノベーションを進め、車だけに頼らないクリーンなモビリティを推進することで環境や安全を持続できる都市の実現を目指している（10頁写真）。それらを実現する手段がＡＩやＩｏＴの活用である。自治体が技術導入を主導し、利用者の復権が図られ、都市マネジメントの課題解決と経済成長に貢献できるエコシステムの醸成を推進していると言える。デジタル変革という概念が浸透してきた、フランスの自治体のそのマネジメントにおける変化のスピードは速い。

FRENCH
WALKABLE
CITY

5章

なぜ、都市政策を
ダイナミックに実装できるのか

1 広域で包括的な実行体制

人口の半分が1万人以下のコミューンに暮らす

フランスの最小の行政単位はコミューン（Commune）で、市町村の区別がない。2015年の共和国の新地域編成に関する法（NOTRe：loi n° 2015-991 du 7 août 2015 portant sur la nouvelle organisation territoriale de la République）で合併が推奨されているとはいえ、2022年で3万4955のコミューンが存在する。人口が50万人以上のコミューンは、パリ、マルセイユ、リヨンのみである。42しかない人口10万以上のコミューンは、「大きな都市（Une grande ville）」と位置づけられ、フランス全人口約6800万人の15・2%が居住している。一方、全人口の49・6%が人口1万人以下のコミューンの住民で、23%が人口2千人以下の村と言える規模のコミューンに住んでいる。本書では便宜上、コミューンを市、その首長を市長と言う。

市町村合併ではなく、広域自治体連合を構成

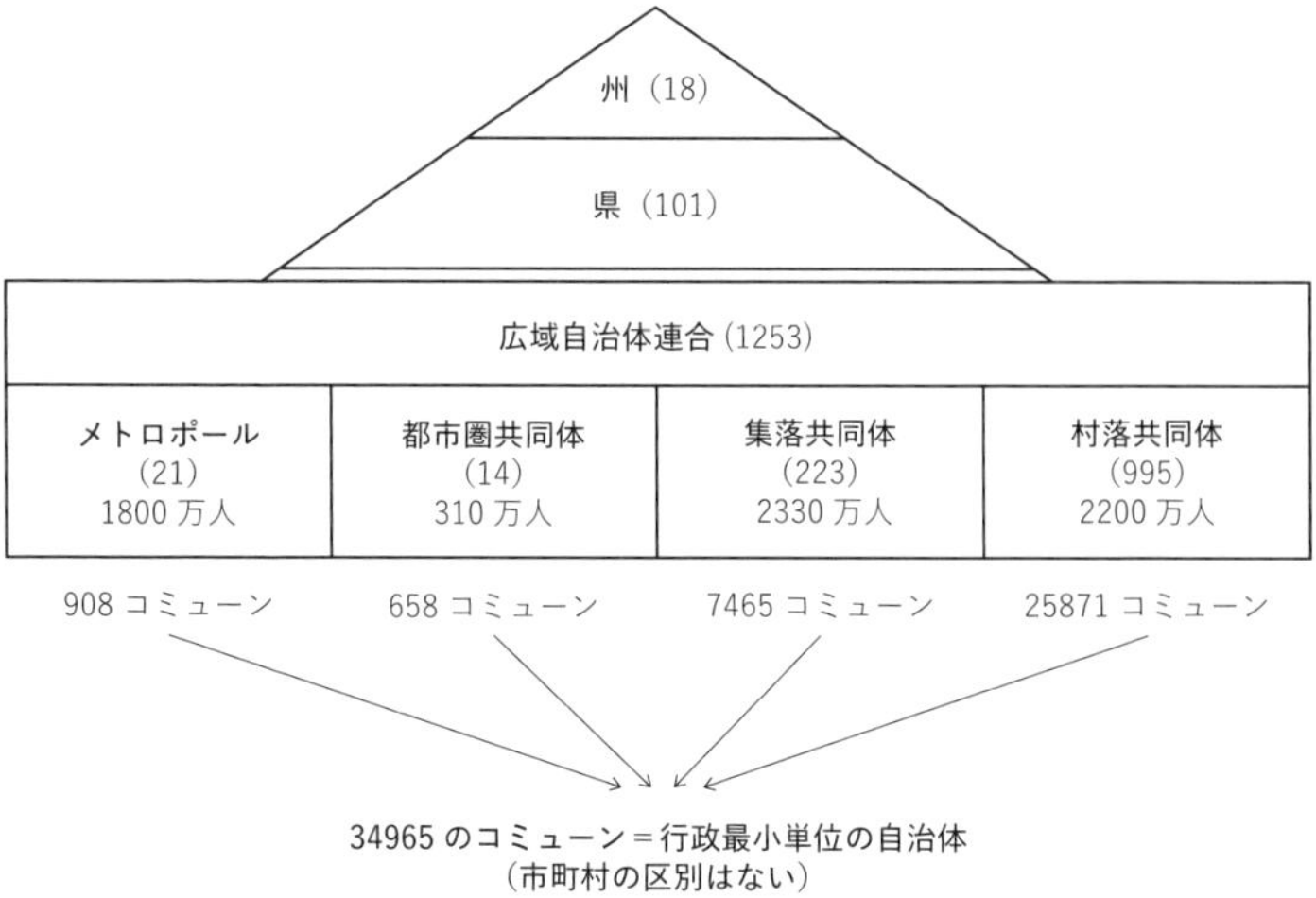

※EPCIではないが、広域自治体連合であるメトロポール・リヨンの人口は140万人（59の自治体が対象）。
その他に、孤立コミューンが四つある（人口6439人）。

図1　フランス行政の4層構造
（出典：Ministère de la Cohésion des territoires et des Relations avec les collectivités territoriales（現・エコロジー移行省）とINSEE発表の数字（2020年）をもとに筆者作成）

フランスの行政は4層構造で（図1）、18の州と101の県があり、本土には13の州と96の県がある。それから複数のコミューンで1253の広域自治体連合[*1]（EPCI：Etablissement Public de Coopération Intercommunale）を構成している。EPCIの直訳はコミューン間協力公設法人だが、本書では広域自治体連合と記載する。広域自治体連合の首長（議長と呼ぶ）は、中心コミューンの市長が兼任することが多い。また、広域自治体連合議会と、それを構成する各コミューン議会の議員職を兼ねる者も多い。連合議会の議長と議員は住民の直接選挙で選出され、行政府と予算を持ち、交通政策と住宅政策を統合した都市計画、水処理など、住民の生活に密着した最も重要な業務の執行権限を持つ。ＬＲＴ整備のような大型公共事業の設定・組織化などは、連合議会の権限に入る。厳密には広域自治体連合は、それを構成するコミューンから移譲された権限事項についての業務しか行わないので、コミューンのようにある地域内の行政全体を管轄する公共団体とは異なると定義されている。本書では、コミューンや広域自治体連合など、議会・行政機能、独自の徴税権と予算を持つ公共団体を自治体と呼び、自治体には首長・議会・行政を含むとする。

2 政治家の高い意識と能力

どのような人が市長や議員になるのか？

一つ一つの自治体の規模が小さいので、それだけ議員や行政は地元の事情に精通しているとも言える。市議会の議員は、政党別に作成された名簿に市民が投票する直接選挙で選ばれる。議席を多数獲得した党派のリーダーが市長に選ばれるので、議会運営が比較的スムーズに機能するメリットがある。市長は地方レベルで国家を代表し、住民登録簿の責任者で自治体が管轄する警察のトップである。地方において国を代表する地方長官の権限の下に、市長が法律を公布・施行し、建築許可（6章参照）を発行する。予算編成・発案権は市長にあり、議会が予算を採択した後、市長が予算の執行権を持つ。

任期は市長、議員ともに6年。市議会議員の報酬はコミューンの人口規模により異なり、国土結束・地方自治体関係省地方自治体総局の発表では、2020年度には約233ユーロ（約3万2620円）から約5640ユーロ（約78万9600円）までと、法律で細かく規定されている（人口の多いパリ、リヨン、マルセイユを除く）。複数の官職を兼職する場合は、基本給の合計は8434・85ユーロ（約118万円）が上限である。人口の少ないコミューンでは議員報酬だけでは生活できないので実業を続ける議員が大半で、フランス全体の市議会議員の約20％が一般企業の管理職として仕事を続け、議員専任の者は3・6％しかいない。このように議員は就労している市民が兼職で担うので、議員と市民の距離は近い。兼職の議員のために、平日夜や土曜にコミューン議会が開催される場合も多い。また、議員の22・7％が年金生活者である。一方、市長は、その39・4％が年金生活者で、2021年では3万5千のコミューンの市長の平均年齢は56・5歳であった。年金生活に入る平均年齢が62歳とEU諸国の中でも最も若いフランスでは、定年後の自由な時間を居住しているコミュニティへ還元する意欲も体力も残っている住民がいるのであろう。

政治家の姿勢と公共空間の捉え方

市長が市議会議員の中から任命する市長補佐を、本書では副市長と言うが、日本の助役のように公務員ではない。副市長は市長とともに予算編成を行い、政策遂行のために行政と協働する。これは、広域自治体連合も同じしくみである。

メトロポール・ナント（6章参照）の副議長で交通政策担当議員のアントニー・ベルトロー★氏に、「なぜ、ナントでは思い切った交通政策や都市政策を早いスピードで進めているのか」と尋ねると、「自分の子供たちにより良い都市を残したいと願い、環境保全の立場から政策を進めている。理想を実現するために議員になったので、何も実行しないなら議員でいる意味がない」と言い切った。確かに6年で政策を実行するにはスピード感が要求される。もし、政策が市民の合意を得られなければ、「次期選挙で落選しても本来の仕事もあり、息子たちと海に行く時間が増えるだけだ」とベルトロー氏は言う。議員報酬が少ないこと、議員職と自分の仕事の両立が可能であることも、真に地元の政治参加を望む多様な人材が議員となり都市運営に携われる一つの要因ではないだろうか。

また、パリ市の公共空間再編・交通・モビリティ・街路法担当の副市長、ダヴィッド・ベリアール氏（1章参照）は、「フランスでは、道路を含む公共空間は歴史的に自治体の管轄であり、都市整備事業の策定を自治体が民間企業に頼ることは少ない。ただ、個々の歴史的建造物の改築に民間企業が協力することはある。しかし、民間資本の導入は公共空間の私有化につながるので、フランスでは行政能力のある種の減退と捉えられる。もし、ルノーやアップルが、たとえばバスティーユ広場の再編に対する意見を述べたりすれば、政権の左派・右派を問わず、パリ市議会の政党は反対するだろう」と語った（2022年3月）。さらに、「パリ市内には多様な移動手段が共存しているので、それぞれをリスペクトして、交通弱者を思いやり、街路を大切に利用してもらうことが、我々の政策の究極の目的だ」と語り、そのために新しく街路の安全な利用法をまとめた街路法の策定（日本の条例に当たる）を考えているそうだ。*2

こうしたインタビューでの発言から、フランスの政治家は、できるだけ大多数の市民の利益と将来への持続性を見据えながら、まちづくりを行っていることがわかる。

3 行政の領域横断と機動力

多様な人材交流がある行政組織

広域での土地利用計画のイニシアティブをとり、都市計画マスタープランPLUi（6章参照）を策定するのは、広域自治体連合の議長と議員たちである。都市の将来の姿を決める総合的な計画策定には、「都市の明確な将来ビジョンとそれをやり遂げる強い意志」を持つ首長の存在感が大きい。計画策定は、政治家と行政スタッフ、議会と行政との共同作業でもある。

行政の都市計画部には土木の専門家以外に、地理学や歴史の専門家も登用され、多面的に都市の将来を構想する体制が整っている。行政は必要に応じて外部の専門者を有期雇用し、計画を施行するビジネスフレームとしての組織を役所全体で立ち上げてきた。各部署の垣根を超えた柔軟でダイナミックな行政体制も、フランスの都市で1990〜2010年代に整ってきた。大型予算を組む公共交通の導入などのタスクは、道路管理・街路整備・駐車場・広報・財務・法務などを含む役所全体の部署で取り組まなければ実現できなかったからである。LRTやBRTを導入して都市空間を再編することは、役所全体の総力戦プロジェクトでもあった。

フランスの行政職員は配置転換がなく同じ部署で仕事を続けることが多いので、自治体内部にまちづくりのノウハウが蓄積されてきた。元来フランスの公務員の採用はある期日に一斉に実施されるのではなく、ポストが空いたときのみ公募がかかる。行政職の公務員のグレードはA・B・Cに分かれており、全国共通の国家試験を受ける。公務員はその専門性に応じて採用され、全国一律の資格試験なので他の自治体への転職も可能で、年功序列ではない流動性のある雇用形態である。

フランスでは、建設業者や有識者、大学教授が議員に転身したり、大学教授が（委員や参与のような諮問的な役割ではなく）行政の現場で財源と人事権を持ち決断を下すポストに就いて活躍する機会も多い。このような専門性の異なる人材交流は、産・官・学が知見を共有して都市づくりを協働することにつながっている。事業を委託する建築家や景観デザイナーなどの技術者たちと、政治家や行政の都市計画担当者との距離も近く、アウトリーチの道筋ができていると言える。

プロジェクトを迅速に実行できる体制（パリ市の場合）

パリ市では、コロナという機を捉えて、モビリティと都市空間の再編が加速している。なぜこのように迅速な対応が可能なのだろうか。

人口224万人に対して、2022年現在、副市長が48名、市議会議員が163名いる。副市長が多いのは、それぞれが担当する専門分野が細かく設定されているからだ。副市長の指示で行政職員が活動するしくみで、たとえばモビリティ担当の副市長は、市役所の街路・移動部長とタッグを組んで業務にあたる。公共空間再配分の政策は、都市計画マスタープランの中で市長と議会が大きな枠組みを決定し、市議会が決定した計画を行政（市役所職員）が施行する。実際には、計画の策定段階から、行政職員も市議会議員たちと共に政策の構築に関わる。副市長のカウンターパートとなる、行政トップの役職は機能職とも呼ばれ、政権の方向性に賛同しなければ役職にとどまるのは困難になる。つまり部長クラスは、市長や議会の意向を汲み政策を実現してゆく専門職と言える。

パリ市でウォーカブルな道路再編を担う街路・移動部の職員数は1700人（パリ市全体の職員数は約5万人）で、予算は12億ユーロ（約1680億円）である。パリ市の年間予算は、2023年（暫定）で95億6500万ユーロ（約1兆3300億円）と報道されている。現在の街路・移動部長は、2014年までパリ市長を務めたベルトラン・ドラノエ氏のモビリティ・アドバイザーで、ドラノエ前市長も現職のイダルゴ市長も同じ社会党出身である。

街路・移動部には、LRT・自転車・広報などプロジェクトごとにマネージャーがいる。同部には他に、人事課、総務課、財務・経理課、駐車や車交通を管轄する移動課、広場改造などの大型都市空間再編プロジェクト課、歴史的建造物と照明などを管轄する街路課があり、モビリティ全体を企画するのはモビリティ庁である。

　それらのプロジェクト・マネージャーと平行して、各地区を担当するマネージャーが10名いる（図2）。地元住民との合意形成活動に密接に携わる地区マネージャーの存在は重要である。たとえば、歩行者専用空間化の対象となる道路を選定する際に、市役所と住民との間で合意に至らなかった場合、まず地区マネージャーと住民を代表すると見なされる地区選出の議員との間で折衝する。最終的な判断が求められる場合は、パリ市長の判断が採択される。

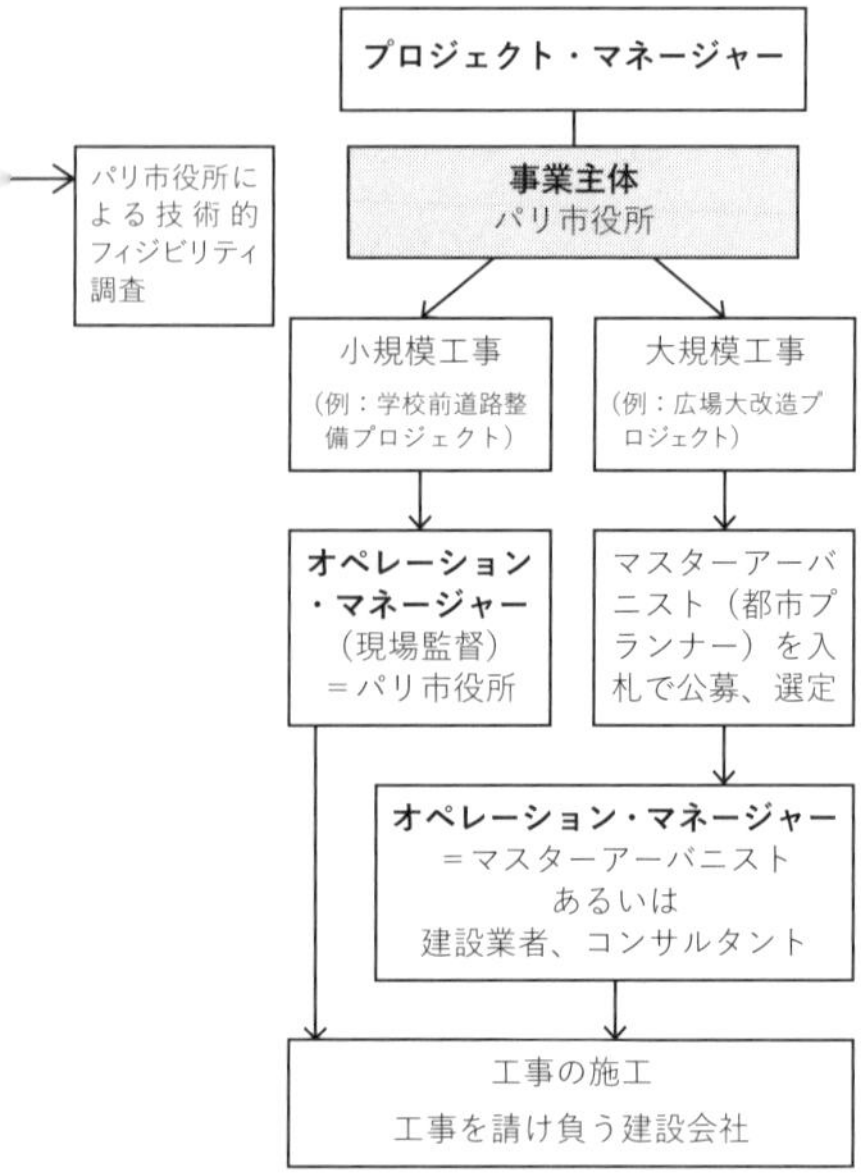

図2　パリ市の街路・移動部の組織図（2021年当時）。上段がプロジェクト・マネージャー、下段が地区マネージャーで、地区マネージャーには担当エリアが地図で明記されている。部長は中央の列の上から3人目の人物だが、組織構成がピラミッド型で表現されていないところが斬新だ（出典：©Ville de Paris）

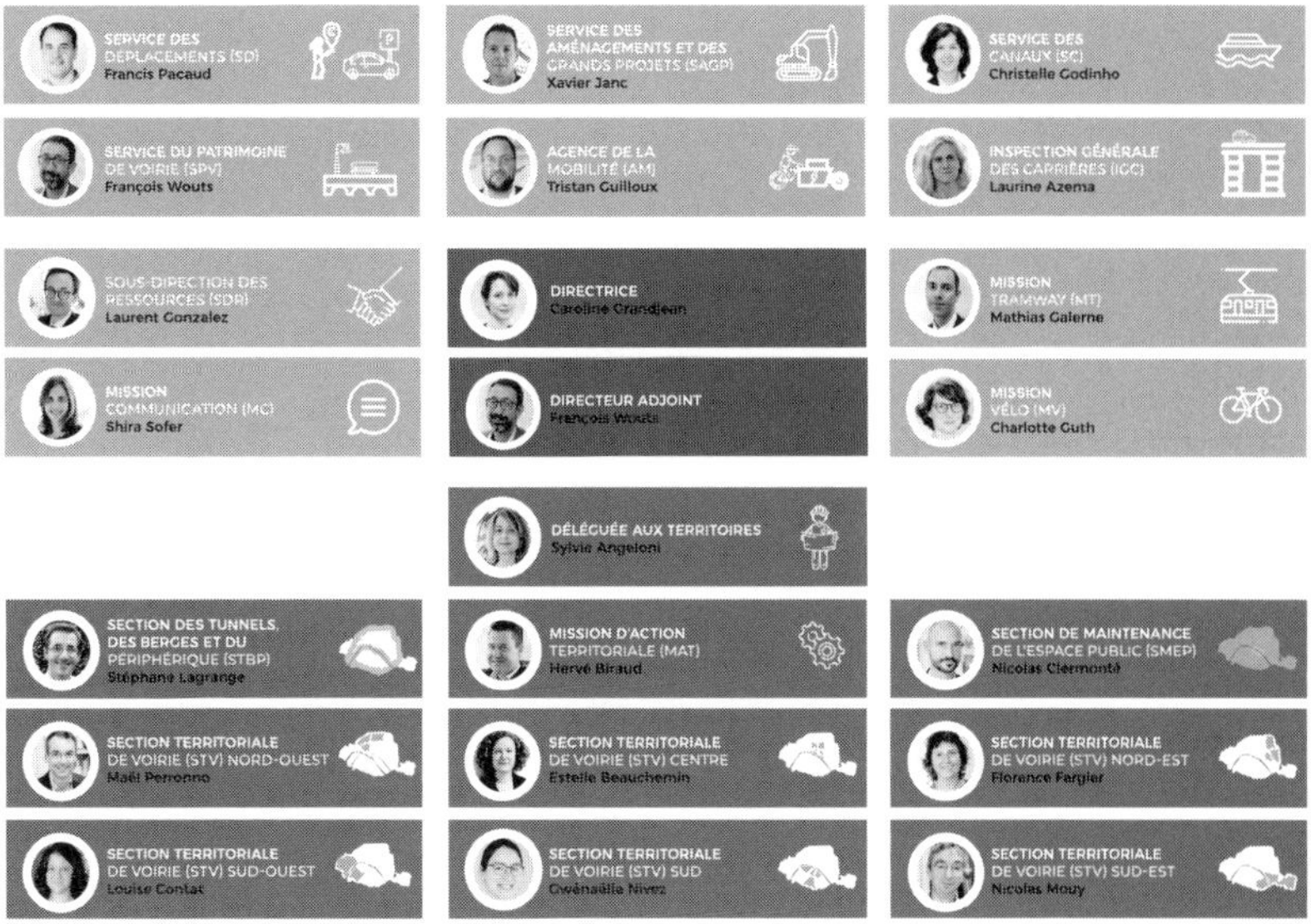

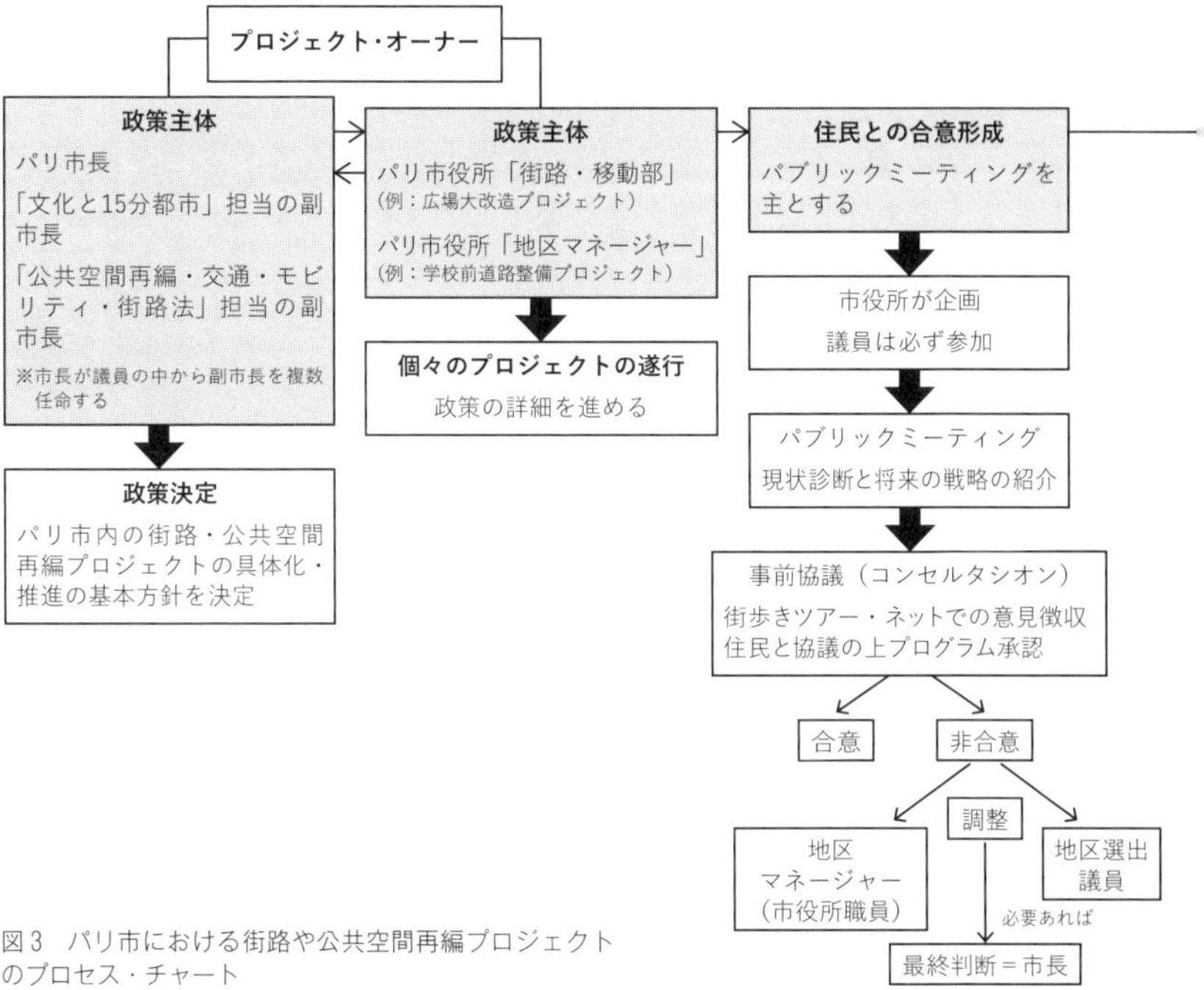

図3　パリ市における街路や公共空間再編プロジェクトのプロセス・チャート

また、モビリティ庁の中に、街路・移動部の各担当（テラス、街路、公共空間、移動、駐車、アーバンファーニチャー、自転車、タクシーなどを担当）を回り、その意見収集を専門とする役職を設け、全体の意向まとめた報告書を、街路・移動部長に提出する。計画の上流段階で、関係するすべての部署に企画を開示して、それぞれの分野での実現可能性を確認するためである。

学校前道路の整備プロジェクト（1章参照）などの小規模な工事の場合は、パリ市が政策主体（プロジェクト・オーナー）兼事業主体（プロジェクト・マネージャー）となり、工事事業者を入札にかける。事業者の選定後、パリ市が直接工事監督として現場の整備主体（オペレーション・マネージャー）になる。景観デザイナーや都市計画家も各部署で抱えており、市役所内部で工事を管轄できる。セーヌ河畔整備計画では、パリ市が政策主体、事業主体、現場責任者として工事監督にあたった（図3）。一方、広場改造のような大規模な工事を伴う場合は、整備主体や都市計画全体をコーディーネートするマスターアーバニスト（6章参照）を入札で公募する。外部に整備主体や工事監督を委託する場合には必ず入札を行い、落札者が工事施工の現場責任者になることもある。

4 財源の自立性と人材のダイバーシティ

1982年の「地方分権法」（3章参照）以来、フランスでは地方分権が進み、有能な首長と職員が各地域で育った。２０１４年の「地域公共活動の近代化とメトロポール法」（１章参照）がモビリティ政策の権限を広域自治体連合に移譲することを促進したように、近年の法整備も「地域が中心となる都市計画」を支えてきた。

日本と比較した場合、フランスの自治体の特徴の一つは全国平均で70％以上という高い自主財源率である。自治体の主な直接財源となる地方４税には住民税・固定資産税・未建築地不動産税・法人税がある。課税率は上限があるが、広域自治体連合やコミューンなどの議会が決定する。

もう一つの特徴は、図２の組織図でもわかるように、首長や議員、行政職員の年齢の多様性とジェンダーバランスである。２０２１年現在、フランスには地方と国を合わせて４万２千人の議員がいるが、その平均年数は52・８歳だ。２０１７年の国政選挙で当選した国会議員の平均年齢は49歳で、若い世代が政治や行政の第一線で活躍している。ジェンダーバランスについては、全国で女性議員の占める割合は41・６％で、18〜39歳までの議員で見ると女性の割合は46％にまで増える（いずれも国土結束・地方自治体関係省の自治体レポート（２０２１年）による）。一方、日本では、地方議会議員に占める女性は13・１％、衆議院議員では９・９％である。

本書で紹介した都市空間再編を伴う整備事業は、しばしば人口10万以上の自治体で行われたが、42ある10万人以上の自治体のうち、11団体の首長が女性である。罰則規定を含む「選挙における男女平等法（loi n°2003-1201 du 18 décembre 2003 relative à la parité entre hommes et femmes sur les listes de candidats）」で、２０１４年から人口１千人以上のすべての自治体の選挙で、各党が提出する立候補者名簿の半数は女性にすることが義務づけられた。またINSEEによると、自治体や県の行政職員の5人に3人が女性で、上級職・事務職・技術職の各カテゴリーで均等にポストを占めている。政策を決定し実行する人材の年代と性別、出身母体や元の職業などの多様性は、まちづくりにおいて多様な観点から検討された意見が反映されることを意味している。子育てや介護の実践者の見解も考慮されやすく、人材の若年化と多様化は、環境にやさしい・子育てのしやすいまちづくりを進めることと無関係ではない。中心市街地から車を排除する政策が推進された背景には、2章で見たように、幼少時から環境教育を受け、環境保全意識が高い30〜40代の世代が政治や行政の現場で活躍するようになったことも、一つの要因として挙げられる。

5 税の再配分に見る社会の連帯

フランスで「連帯（Solidarité）」という単語は、2000年成立の「都市の連帯・再生法」（3章参照）のように、法律や官庁の名称にも使われるくらい国民にとって身近な表現だ。「助け合い」と言い換えてもよい。

まず、国レベルで「連帯」がどのよう反映されているか、国税の再配分のしくみから見てみる。国民が国に納める税金には、360種の租税と間接税があり、国庫収入となる日本の消費税にあた

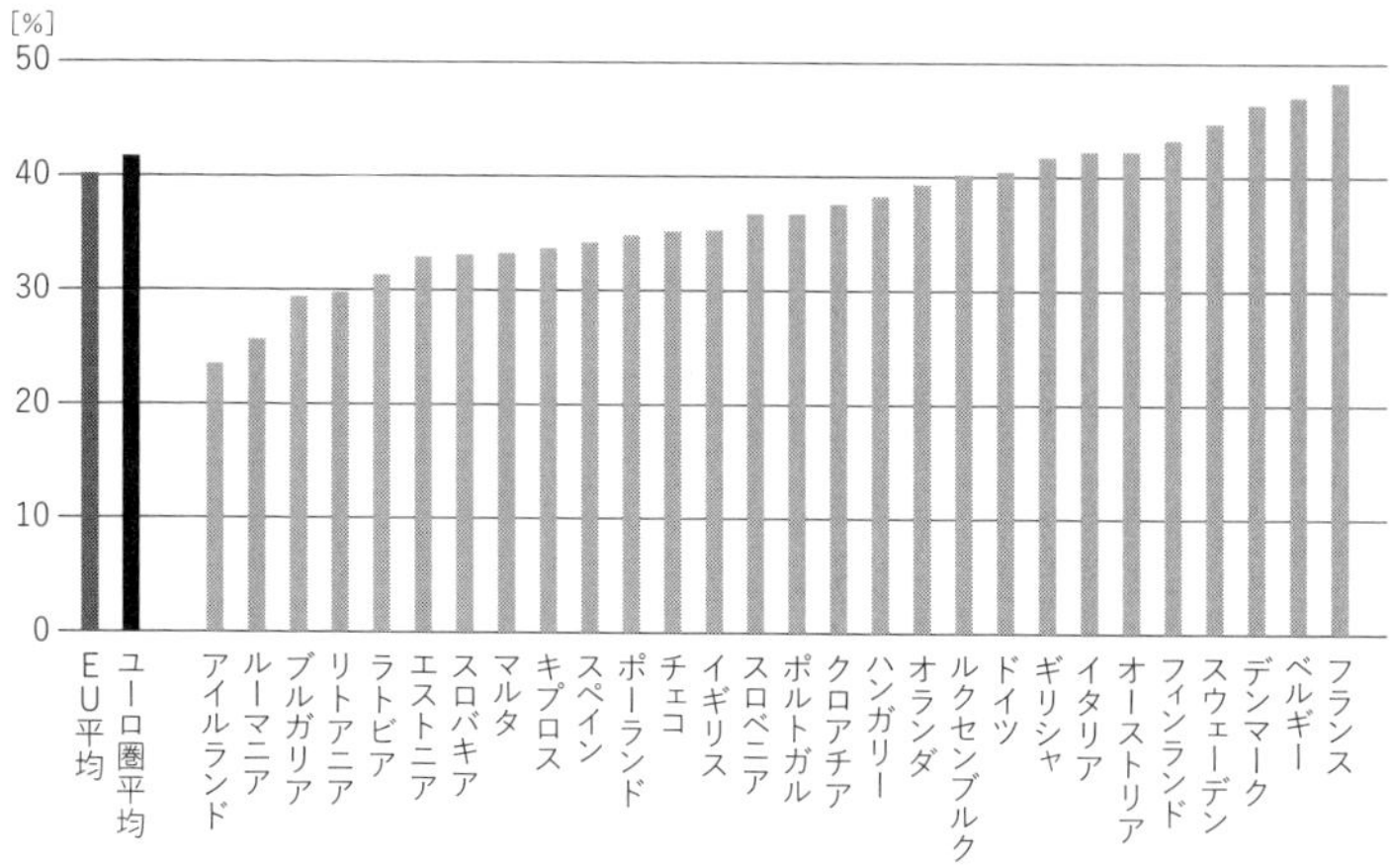

図4　EU諸国のGDPに占める社会保障負担と税負担の割合の合計（2017年）。48.4％のフランスの負担が最も高い（出典：EUROSTATの図をもとに筆者作成）

る付加価値税率が20％で、約1億6千万円以上の資産家には富裕税も課税される。フランスは、日本に比べてはるかに重税国で、欧州の中でも最も税負担が重い国である（図4）。モリナリ経済研究所★の調査によると、雇用主は従業員に支払う給与の半分以上（54・68％）を国に社会保険負担金として支払い、被雇用者の負担も給与の平均約30％と高い。さらに所得税の徴収もある。徴収した税を交通・医療・福祉等の公共政策に再配分し、失業者や疾病者など社会的弱者にも十分なセイフティネットワークを準備してきた。

また、教育費も大学終了まで原則ほぼ無料である。文部省によれば、大学の授業料は年間170ユーロ（約2万3800円）、修士課程は243ユーロ（約3万4千円）である。各家庭が子供1人に対して年間支払う学校関連の支出（給食費・学童保育費・交通費・教材費等を含む）は、小学

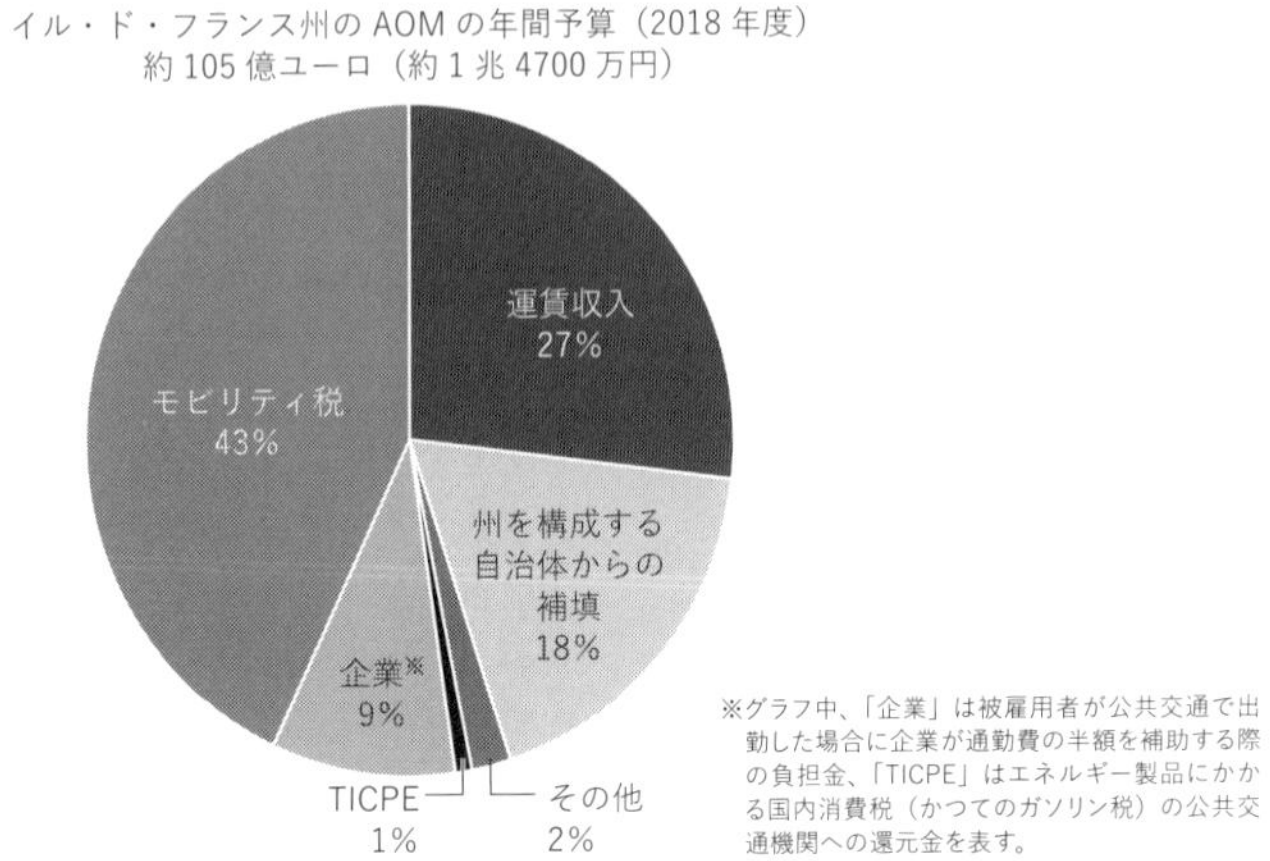

※グラフ中、「企業」は被雇用者が公共交通で出勤した場合に企業が通勤費の半額を補助する際の負担金、「TICPE」はエネルギー製品にかかる国内消費税（かつてのガソリン税）の公共交通機関への還元金を表す。

図5　パリ首都圏（イル・ド・フランス州）のAOMの財源（2018年度）
（出典：Région Île-de-France の資料をもとに筆者作成）

生で５８０ユーロ（８万１２００円）、中学３年生で８９０ユーロ（12万４６００円）、高校３年生で１１６０ユーロ（16万２４００円）とされている。家庭における文化背景は確かに子供の教育に大きな影響を与えるが、少なくとも両親の経済状況が進学を妨げない状況を用意している。大学生にも住宅手当等を支給し、約３分の１の大学生が返却不要の奨学金を得ている。

つまり、国税によって、日本で最もコストがかかる医療費と教育費について家庭の負担が抑えられている。富裕者と低所得者が直接助け合うわけではないが、富の再配分を通した広い意味での連帯意識に基づいて、できるだけ社会格差の是正を試みている。

次に、地方レベルで「連帯」がどのように反映されているか、地方税の再配分のしくみから見てみる。都市政策は自治体の一般財源から賄われている。自治体の直接財源となる地方４税の税率も高い。たとえば自治体が整備し運営する公共交通機関の運賃収入がその運営コストに占める割合の全国平均は、フランス自治体交通局連合（ＧＡＲＴ）によると、２０１７年で30・４％にしか達せず、決して独立採算制ではない（図５）。企業に課税するモビリティ税からの徴収金や自治体の補塡が大きな財源となっている。

このように、公共交通を含めた都市インフラは、教育や医療等と同じように税金で国民に平等に供給すべきものだ、とする考えが国民に共有されており、そのような社会哲学を持った政治家が選出されてきた。高い課税率で徴収する税金の再配分を通して、誰もが享受できる「住みやすい都市」をつくることが、フランス社会の選択であり、その「住みやすい都市」を支える大きなファクターの一つが、利用しやすい公共交通でもある。ノーベル経済学賞を受賞したエステール・デュフロ博士★が述べるように、「モビリティは地域間の生活レベルを均衡化させ、人々の経済格差を吸収する、大切な措置の一つである。なぜなら、公共交通は、無免許者・障害者・すべての市民に開かれた権利であり、移動の手段を他に持たない人々を社会に包含することに貢献している。そして大都市圏であるメトロポールの生活のしやすさを図る牽引力の一つでもある」。

内務省によると、「公共サービスの概念」には三つの大原則があり、公共サービスの「連続性」、公共サービスを誰もが受給できる「平等性」、必要に応じた「適応性」を備えることである。公共サービスの介入領域として経済の項に「運輸」が含まれており、公共交通を税金で支える基本サービスの一つと捉える根拠となっている。障害者や高齢者など社会的弱者も含めたすべての市民が過ごしやすい都市空間を供給することも、政治家の重要な社会使命と見なされている。

このように、フランスでは、富める者と困窮者との連帯をキーワードとする社会モデルを、国でも自治体でも追求し具現化してきた。国民が中心市街地で自動車利用を抑制することに賛同した背景には、「自分の不都合を考えるのではなく、次世代に残したい街の姿を受け入れよう」という、世代間の連帯意識も働いている。

6 少子化対策にも貢献する住みやすい都市づくり

一方、都市の発展は、人口増加を前提としている。日本の街では少なくなったが、フランスの地方都市の中心市街地では今でも子供向けの本屋・衣料店・おもちゃ屋・靴屋まで揃っている。どんな農村地帯に行っても、コミュニティの中心部には子供たちの姿が見られる。

フランスも1993年には出生率が1・73にまで減少した。1980年代から「子育て世帯への減税」「子供手当てなどの現金支給」「保育所等のハード整備」「就労女性の職場復帰を労働法で保護」等の施策が、国策として採用されてきた。企業も重い社会保障負担を共有してきた結果、2010年には出生率は2・03にまで回復（2019年は1・87に低下）した（図6）。

EUの28カ国の出生率の平均は1・59で、フランスの出生率はEU加盟国の中で最高で、スウ

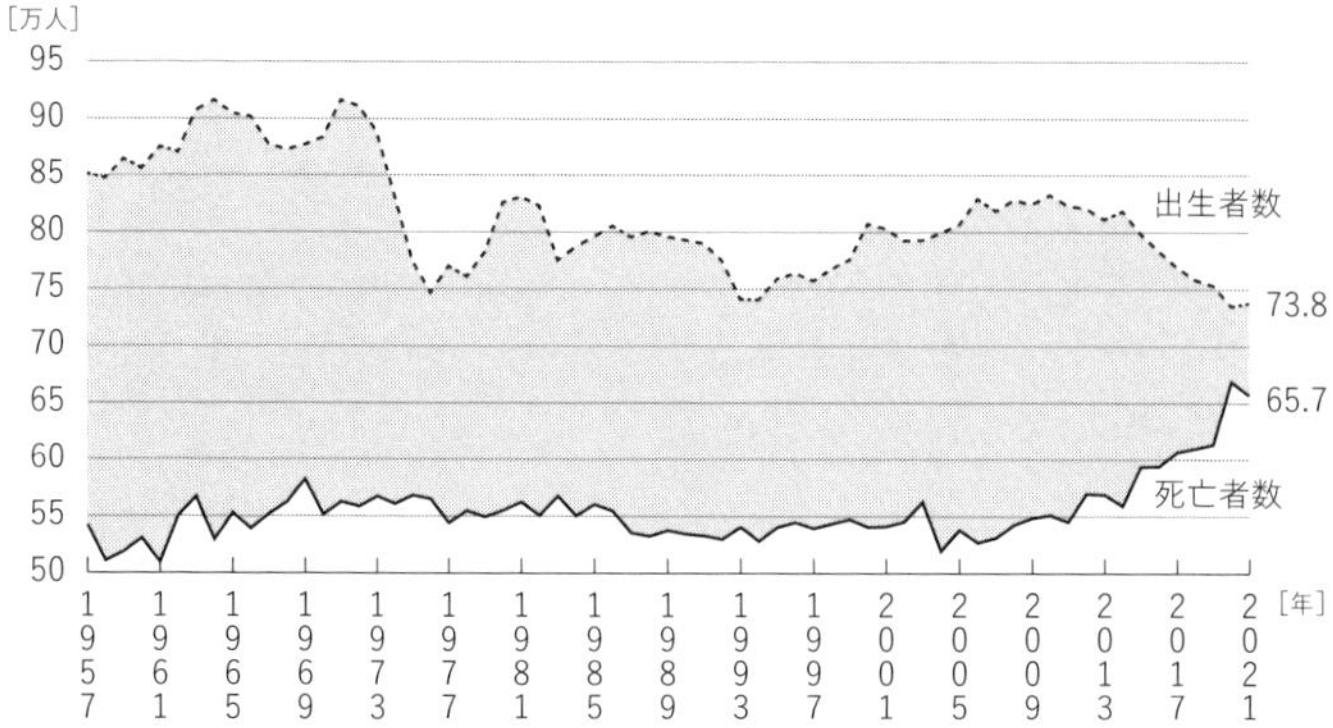

図6　フランスの出生者数と死亡者数（2021年は推計）。フランスの総人口は日本の約半分だが、出生数はほぼ同数（出典：INSEE発表の数字をもとに筆者作成）

エーデン、イギリス、ベルギーと続く。日本と同じく出生率が１・32と低いのはイタリアである。女性の社会進出率が高い国ほど、出生率は高い。

少子化対策は、都市政策と密接に結びついている。安全で歩きやすく緑の多い都市は、子育てに適しており、子育て世帯が移住しやすい。今後、都市の持続性を高めるためにも、若い世代、子育て世帯の移住は、フランスの各都市にとって重要課題となっている。

＊１　広域自治体連合の人口は、２０１８年の実数を元にした２０２１年１月における推定で、常住人口以外の住民人口（例：普段は自宅のあるコミューンで生活し、週末は両親が暮らすコミューンで過ごす学生など）が、二つのコミューンでカウントされている場合もある。また、図１は２０２０年の政府発表に基づいて作成しているが、２０２２年の政府発表では、コミューンの全体数は３万４９６５から３万４９５５に、広域自治体連合数は１２５３から１２５５になっている。また、人口40万人以上の広域自治体連合のみがメトロポールを構成できる。

＊２　フランスには自治体の決定により制定される法律はない。代わりに、たとえば「街路法」と称する立案が、市議会で議決されると、それに関連する施策を運用する予算がつく。日本の自治体が制定する条例に当たる。

FRENCH
WALKABLE
CITY

6章

ナント：15分都市エリアを創出したマスターアーバニストたち

30年前、フランスの都市はスプロール化して郊外に伸び、車であふれた都心の商店街はすっかりその魅力を失っていた。しかし現在では、公共交通を導入し歩行者専用空間を整備してウォーカブルシティを実現した結果、都市は賑わいを取り戻した。

フランスには「コンパクトシティ」に相当する言葉はなく、「農村の郊外化と都市の無秩序な拡散を避ける」と表現される。農村地帯への住宅地の拡散を避けようとすれば、ある程度の都市の過密化と高層化の容認につながる。現在郊外に暮らす住民を都心に誘導するのではなく、これから郊外への転居を考える若い世代や消費活動が盛んな住民を都心に引き留め、同時に都市環境の改善を図ることがフランスの都市計画の目的の一つである。よって、魅力的な中心市街地を創出することが各都市で重視されている。

パリから南西に約３９０㎞の距離にあるナント市では、街の中心部に人口を誘導すべく、30年間にわたって、産業遺産地区の開発が行われている。ここでは、「マスターアーバニスト」という職能がどのように都市開発に関わるのか、同市のロワール川中州にある中ノ島の再開発を事例に紹介する。

1 中ノ島の造船所跡地の複合開発

ナント市は、人口約31万5千人（フランス第6位）、面積65㎢と小規模だが、周辺の24コミュー

写真1　車のロータリーと化していた2004年のロイヤル広場★（上）、2011年から完全な歩行者専用広場になった現在の様子（下）（出典：上／Nantes Métropole）

ンと広域自治体連合メトロポール・ナント（以下、メトロポール）を形成し、その規模は人口69万人、面積523㎢になる。1989年にフランスで初めて開通したLRT路線に沿って、歩行者空間、自転車専用道路、植樹帯、アーバンファーニチャーなどが融合する都市空間の再編計画を構想し、街路灯や雨避けシェルター、舗道などのデザインを統一するために、同じ設計者に都市デザインが委託された。2路線のLRTの整備が完成して、1995年に発表したLOTI報告書[*1]では、「ナント市の14万㎡が都市空間の再編を経て、歩行者と自転車を最優先する都市になった」と報告している。メトロポールでは2003年にフランス初のBRTも導入し、利便性の高い公共交通ネットワークを整備しつつ都心の道路空間の再配分を進め、可能な限り車の進入を抑制した公共空間を実現してきた（写真1）。

造船業で栄えたナント中ノ島の再開発

進取の気質に富んだ都市政策を早くから進めていたナント市では、オランド大統領政権下で首相も務めたジャン・マルク・エロー氏★が、1989～2012年までの23年間市長を務め（2014年からはジョアンナ・ローラン★女史が市長）、文化政策にも力を入れてきた。

エロー氏が市長に就任した時代には市の財政は逼迫しており、「限られた予算でどのように都市の存在感を高めるかを考えると、文化への投資はその少ない投資額に対して見返りが大きい」とエ

写真2　2022年の「ナントへの旅」で展示された、駐車場のコンクリートをはがして植栽するという強烈なメッセージを込めたインスタレーション作品

ロー前市長は語っている（2017年10月）。2012年から毎夏行われている野外アートのイベント「ヴォワイヤージュ・ア・ナント（Voyage à Nantes、ナントへの旅）」では、中心市街地で15kmにわたって歩道にグリーンラインを引き、100以上の作品を「散在するモニュメント」として設置する。グリーンラインを歩きながらアート鑑賞と市内観光もできる仕掛けで、都市を劇場と見なして、大がかりな複数のインスタレーションアートを複数の広場に設置し、美術館に足を運ばずとも芸術作品を鑑賞できる（写真2）。2014年の「ナントへの旅」の予算は300万ユーロ（約4億2000万円）で65万人を動員した。

こうしたナント市の斬新な交通政策、文化政策、都市空間の再編等の蓄積を結集したのが、ロワール川中州にある「ナント中ノ島」（以下、中ノ島）の再開発地区の15分都市構想の実現である（16頁上写真）。

1835年からロワール川に浮かぶ面積4・6km²の中ノ島では造船業が主要産業で、1970年代まで港湾施設が

上：写真３　かつてのナント中ノ島から船が進水する様子（出典：©SAMOA/ARCHIVE）
下：写真４　中ノ島の裁判所と歩行者・自転車専用橋

あった（写真3）。その後、産業拠点はロワール河口に近いサン・ナゼール★へ移り、最後の船が進水した1987年以降、中ノ島は閑散としていた。立地条件が良く、水辺に恵まれた一等地を再活用するために、自治体が主体となって1991年から3・37㎢（そのうち1・5㎢が公共空間）を対象とする広大な産業遺産地域の再開発に乗り出した。まず、旧造船所の建物を中ノ島の産業・歴史を紹介する博物館「人と技術のパビリオン」に改修し、2000年には新しい裁判所がが完成した（写真4）。

2 都市開発におけるマスターアーバニストの役割

メトロポールは中ノ島再開発地帯全体の都市デザインを公募する入札コンペを実施し、2000年に初代のマスターアーバニストを選抜した。マスターアーバニストは都市プランナーとして、自治体の仕様書に従い土地利用計画の基本プランを考案する。地域の都市空間の再編の全体的なデザインを担当し、大型開発プロジェクトでは住宅地区、工業区域、商業施設、医療施設、学校、エネルギー・廃棄物処理施設などの公共施設の配置、道路網、公共交通網、上下水道のネットワークも計画する。高さ制限や壁面後退などの規定やデザインコードも設定する。環境への影響や人々の生活の質を考慮して、緑地を計画し天然資源の保護にも配慮する。各種の法律および規制に準拠する必要があり、将来、インフラ整備を終えた土地を購入する不動産開発業者、民間企業、公的機関などの顧客の需要を考慮することも求められる。

このように関わる分野が多岐にわたるので、必然的にマスターアーバニストは、土木・建築・景観デザイン・道路管理・環境・法律など、異なる分野の専門家がチームを組むことが多い。建築事務所がそれぞれの入札案件に対して、応札書類の作成に必要な専門家を集めてチームを構成し、事務所が専門家たちと、期限付きでミッションごとに契約を結ぶ。各専門家が担当する職務範囲と責任分担は明確である。全体的なコンセプトをまとめる代表者が、入札書類の責任者となりマスターアーバニストと呼ばれるが、土木職とは限らない。マスターアーバニストの選出は、首長・議員・行政・有識者で構成する審議会が行う。計画規模により審議会のメンバーは5〜20名と異なる。選出基準として、提案書に沿ったインフラ整備のコスト以上に大切なのは、公共プロジェクトの場合は、土地利用計画に見られる開発コンセプトと、その内容が公共の利益に即しているかどうかの判断である。整備対象となる土地の課題や自治体が意図する将来構想を、入札者が正確に把握しているかが重視される。マスターアーバニストへの報酬は、インフラ工事の規模や内容の複雑度によって大きく変わるが、総事業費の10〜12%が一般的である。総事業費には土地収用、インフラ整備を経てデベロッパーへの売却終了までのコストを含む。インフラ工事を担当する施工業者は、後述の土地開発機構や開発公社が選択する。マスターアーバニストは、建設事業者と協議し、建設計画を組み建設事業者が行う工事施工管理もサポートする。

土地を土地開発機構や開発公社から購入したデベロッパーは、それぞれの建築家に建物のデザインや建設を担当させるが、建物のデザインは、常にマスターアーバニストがまとめた開発地区全体の基本コンセプトに準ずる必要がある。計画の最後まで全体デザインを細部にわたりチェックするのが、マスターアーバニストの任務だ。もし建物に対する建築許可（4項参照）が取得できなかった場合には、マスターアーバニストが建築許可申請書の変更に協力することもある。このようなプロセスの結果として、フランスで新しく開発される住宅地や副都心地域では、街路灯から公園のベンチ、駐車場に至るまで、トータルにデザインされている。

3 産業都市から環境・文化都市へ

第1期（2000〜09年）

ナント中ノ島では、2000年に選出された景観デザイナー兼アーバニストであるアレクサンドル・ケメトフ氏★が、初期開発を手掛けた。緑地の再生を中心とした公共空間の再編計画を総合的に進めるために、2003年に官民合資の土地開発機構サモア社（SAMOA：Société d'Aménagement de la Métropole Ouest Atlantique）が設立された。サモア社はSEM（Société d'Economie Mixte）と呼ばれる第

写真5　機械仕掛けで動く象「ラ・マシン」。観光客を乗せて口から水を吐きながら造船所跡地を歩く

三セクターで、自治体が51～85％まで株式を所有できる民間会社である。[*2]

2005年から産業遺産を活用した文化・娯楽施設エリアの建設が始まり、2007年に造船所の機械を再利用してつくられた機械仕掛けで動く巨大な象（写真5）が完成し、2019年には訪問者数が70万人を超えて中ノ島観光の拠点となった。かつて船舶の修理施設だった建物は現在では博物館となっている。中ノ島西端にあったドック・倉庫が集積していたエリアに、ロワール川の自然を活かした景観整備を行い、カフェなどの商業施設に転用し、産業遺産を活用した現代アートを鑑賞できる散歩道として市民に開放した（写真6、7）。現在70歳を超えた初代アーバニストのケメトフ氏は、2022年7月に地元紙ウエストフランス[★]のインタビューで、「私がプロジェクトを手掛けた2000年代には、中ノ島西部を訪れる人はまったくいなかった。現在、このように賑わうようになり非常に満足である」と語っている。

上：写真 6　中ノ島西側からの景観（出典：©V. JONCHERAY/SAMOA の写真に筆者加筆）
下：写真 7　ロワール川岸の遊歩道。かつての鉄道引き込み線やクレーンなどを残しながら整備された

写真8　ナント中ノ島で建設が進む低層の集合住宅（出典：©V.JACQUES/SAMOA）

第2期（2010〜20年）

2008年には、住宅（写真8）やショッピングセンターの建設工事が始まり、ナント建築国立学校が移転した。2009年、サモア社は自治体が100%出資する開発公社SPL（Société Publique Locale）となり、市長が公社の代表となった。首長や議員が都市のフラッグシッププロジェクトと見なす大型開発には、SPLがしばしば整備事業主体となる。

新しいマスターアーバニスト選出のために、公社がコストやスケジュールなどの選出基準を設定して、プロポーザル方式の競争入札をかけた。2010年、ベルギーのスメット・アーバンコンサルタント（SMETS Consultant in Urbanism）が、2代目のマスターアーバニストに選ばれた。同事務所の代表を務めるマルセル・スメット★[*3]氏は建築家・都市計画家で、ルーヴェン・カトリック大学★都市計画学科教授でもあった。中ノ島プロジェクトには、スメットグループのほかに、ポルトガルの景観デザイナー、ドイツのエネルギー・コンサルタント会社、パリの建

実施日	マスターアーバニスト選出のプロセス
2010 年 1 月 20 日	入札公募の公表
3 月　1 日	サモア社に国内外より 27 件の申請あり
3 月 11 日	選考委員会の意見を受け、サモア社が最終候補 5 社（パリ、ロッテルダム、バルセロナなど）を選出
7 月　9 日	候補社のヒアリングを行い、選出チームを決定する選考委員会を開催
7 月 12 日	サモア社が選考委員会の提案を批准

表 1　ナント中ノ島の第 2 期マスターアーバニスト選出プロセス

築事務所、地元ナントのコンサルタント会社と、国境を越えた混合チームが参加した。第2期マスターアーバニスト選出のプロセスは表1の通りである。

それからは環境保全に重きをおいた開発にシフトし、2013年に中ノ島を横断するBRTも開通した。2014年からは自転車専用レーンの整備も進み、現在では自転車で中ノ島を一周できる。

第3期（2017〜26年）

2017年には美術大学も開学し（写真9）、ナント大学のデジタル学部も移転するなど、中ノ島は学術エリアとしての存在感も高めている。約80haの開発エリアにおける景観・都市計画調査、建築計画の策定、公共空間のデザインと、特に2026年に完成を予定する国立病院エリアの整備プロジェクトに対して、サモア社が新しいマスターアーバニストの公募を発表した。

この地域は、都市計画マスタープラン（PLUi : Plan local d'urbanisme、ナントではPLUmと呼ばれる）で、開発整備地区（ZAC : Zone d'aménagement

写真9　新しくできた美術大学とエントランスに設置されたインスタレーションアート

concerté）に指定されている。どの地区をＺＡＣに指定するかは、大半が都市計画担当議員からの発案であり、行政の都市局はその実現可能性調査・評価を行う。ＺＡＣ地区の指定には議会での議決が必要である。もしＺＡＣ指定地域に私有地が含まれる場合は、土地収用のために知事が発令する公益宣言が必要で、住民との合意形成が義務づけられている（7章参照）。

　マスターアーバニストの選出には約半年をかけ、２０１７年1月に4社の応札社から景観デザイナー・都市計画家であるジャクリーヌ・オスティ★女史の事務所と、建築家・都市計画家のクレール・ショーター★女史率いるlaqエージェンシーとの8年契約が発表された（写真10）。２０２４年まで務める3代目マスターアーバニストの新チームである。開発の第3段階では、環境保全に重きをおきつつ、住民の日常生活と新しく開発されるエリアの都市生活が共存できるようなしくみの設計が必要とされている。島の新しい住民が増え、景観デザイナーの果たす役割も大きくなってきた。

写真10　ナント市長のジョアンナ・ローラン氏（左）、現在のマスターアーバニストチームのジャクリーヌ・オスティ氏（中央）とクレール・ショーター氏（右）
（出典：©JD. BILLAUD/SAMOA）

マスターアーバニストチームには、国立病院を中心とした南西部の新しい居住区に活気を与え、中ノ島の他のエリアとつなぐフラッグシッププロジェクトが任された（図1）。そこでは、東から西へのエリアをつなぐ公園を配置して、地域間の連続性を確保することが計画されている。その代表的なプランの一つが、レジャー・スポーツ・文化施設を備えた14haの大規模なロワール公園プロジェクトである（図2）。都市の再開発とは、自然を破壊して高層建築を誘導することではない。都市の中に計画的に自然を取り込み居住空間を提供する、一つの「アーバンラボ」を創出することが、中ノ島では計画されている。ローラン市長（写真10）は、「中ノ島を開発したサモア社と一緒に、フランスの新しい都市計画のモデル、〝ナント的〟な都市計画を再構築することが、私の野望です」と明言している。

そして2020年にはマスターアーバニストのオスティ氏がエコロジー移行省の都市計画グランプリを受賞した[*4]。ナント中ノ島に関わった人材のフランプリ受賞は3人目で、2000年の初代マスターアーバニストのケメトフ氏、2010年のサモア社元社

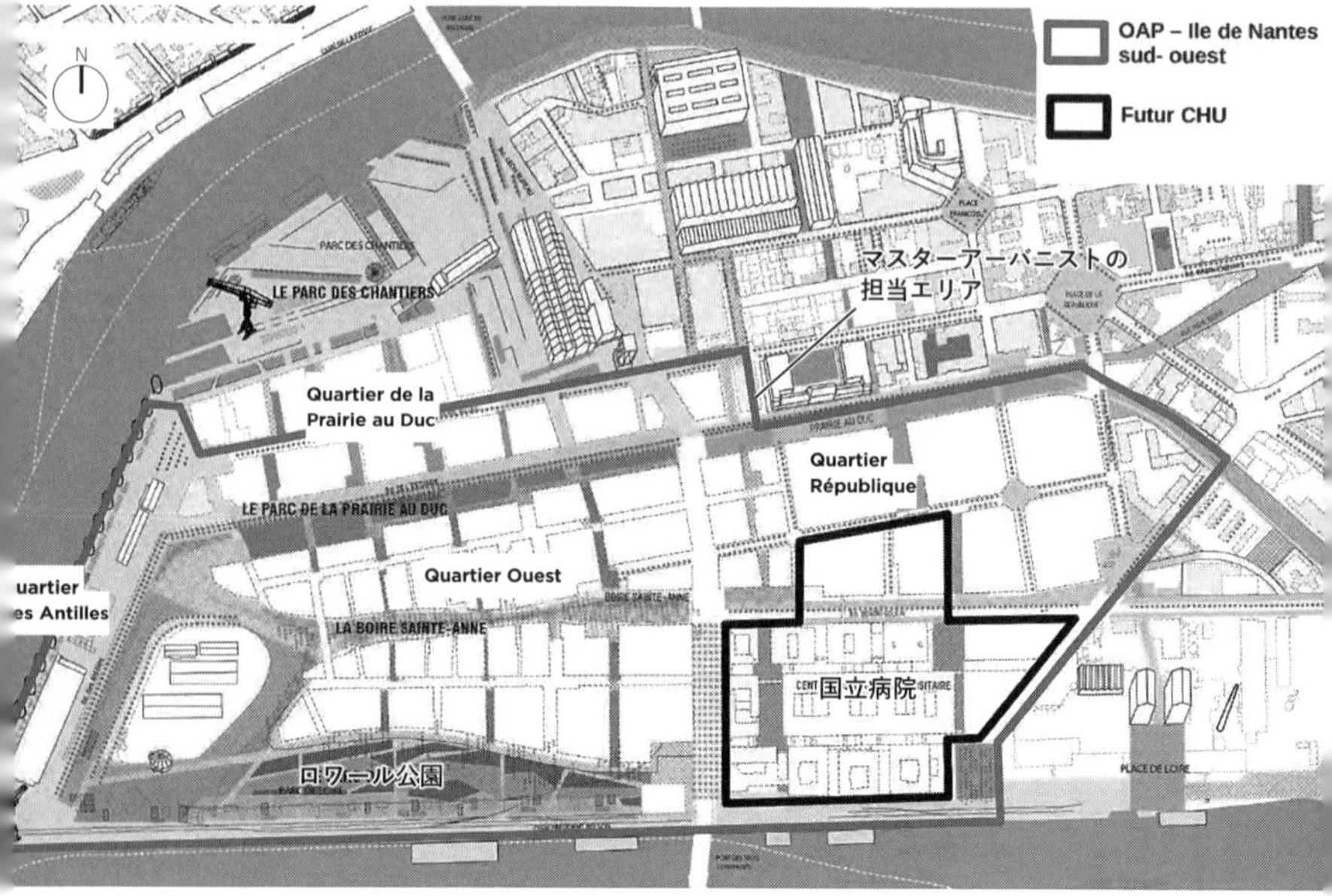

図１　３代目マスターアーバニストの担当再開発エリア
（出典：Nantes Métropole の PLUm(2019)の図に筆者加筆）

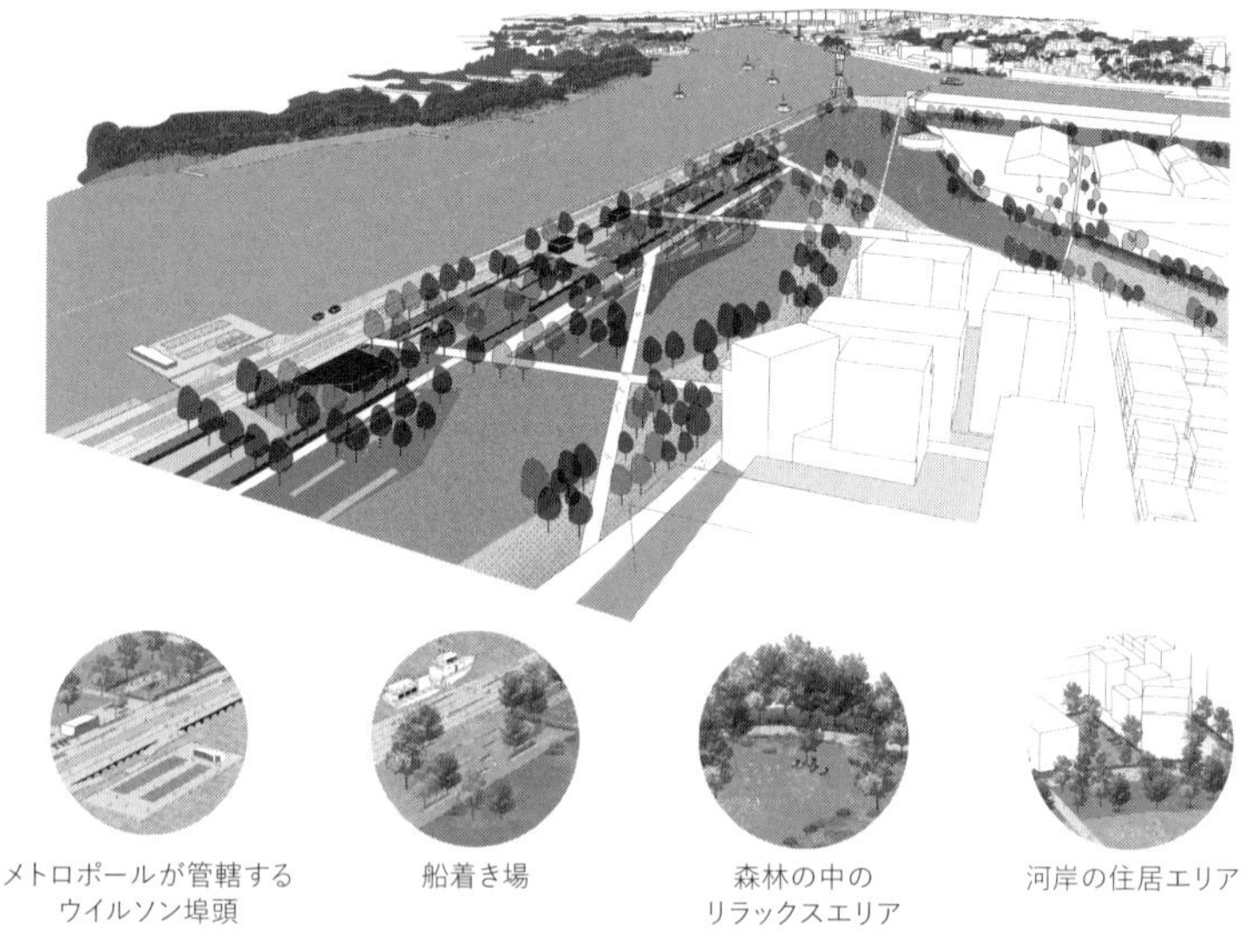

図２　ロワール公園の完成予想図（出典：©Ajoa-Schorter/SAMOA の図に筆者加筆）

長のローラン・テリー★氏に続く。

4 マスタープランと建築許可によるコントロール

1990年代から現在まで、なぜこのような長い期間に一貫した都市開発を続けられるのだろうか。それは自治体が主導して都市計画を策定し、暮らしやすい街の創出に向けて、政治家、行政、市民の間でコンセンサスを得る努力が持続されてきたからである。中ノ島開発に関する方向性や具体的な土地利用規制は、メトロポールが策定する都市計画マスタープラン（表2、図3）にすべて記載されており、メトロポールを構成する24のコミューンのテリトリーに適用される都市計画（土地利用制限を含む）で、2030年をターゲットとする。同文書のテリトリー別の開発計画は日本の地区計画に相当する。このマスタープランに合致する建築事業にのみ、自治体が「建築許可」を与える。官民を問わず、フランスではすべての都市開発に自治体から「建築許可」の取得が求められているので、都市開発には自治体の意向が確実に反映されるしくみとなっている。日本の建築主事の「建築確認」と異なり、拘束力が強い「建築許可」というツールを通して、自治体が民間の建築事業の詳細内容まで関与できる。建築許可を発行する際に、自治体側はあらゆる条件を民間デベロッパーと交渉する。中ノ島開発では、自治体職員が新規集合住宅に対する建築許可を与えるにあ

ファイル名	主なテーマ	内容
イントロダクション	テリトリー全体の紹介	都市の分析（地理的条件・人口動勢）・診断（移動実態）・調査（雇用・経済・商業・不動産・農業・観光・文化・教育）など多岐にわたる地域の現状診断書。そこから都市の課題と魅力に関する考察につなげる
	都市計画マスタープランと上位文書あるいは内包する他の計画との整合性	①上位文書としてSCOT（メトロポールよりさらより広域を対象とした地域開発の総合戦略文書）※ ②包括する計画としてPDU（交通計画）、PLH（住宅供給計画） 上記①と②の整合性のチェック
	開発計画地域と担当者の選出の正当性の根拠	地域開発の優先案件選択のプロセスと、関与するメンバー（広域自治体連合を構成する24のコミューンの首長など）を記載
	影響度の分析	都市計画マスタープランがもたらす環境へのインパクトを評価
	モニタリングと評価方法	開発結果の調査方法を記載。たとえば商業では近接商店の発展に焦点をおき、ナント市では毎年、商業店舗（大型スーパーなどは除く）の表面積を計測する等
	コミューンごとの現状診断書	土地利用の実態、農村地帯における宅地化、経済・交通・商業の現状
持続可能な計画・開発プロジェクト	地域を発展させる方向性と哲学、環境を保全する地域開発の方向性	浸水リスクや自然保護区域の確認、都市部の拡張計画、社会的混合の推進（住居による社会階層の住み分けの減少化）、商業を振興するプロジェクト等を記載
土地整備とそのプログラム化の方向性	テーマ別プロジェクト	ロワール川の保全、自然景観の保護、気候・大気・エネルギー、商業振興等のテーマを記載
	テリトリー別の開発計画	24のコミューンごとの開発の方向性、住宅供給とモビリティサービス提供について記載（図3参照）
土地利用の規制文書	文書による主要規制措置	コミューンごとの土地利用計画（縮尺1:2000のゾーニング図面）
	グラフィックを用いた規定書	建物高さ制限（縮尺1：4000）
		社会的混合を強化するエリア計画
		駐車場整備規制基準書（新築建物が対象、図4参照）
		水循環のテーマ別計画
都市計画マスタープランの付属文書	公共用地について	ロワール川下流域の洪水リスク対策計画等
	その他 規制に関する付属文書	空港騒音対策、農地や自然地域の保護に関する計画、下水道・飲料水整備、廃棄物処理、広告規制、暖房用ネットワークの重点整備、考古学的遺産の保護、農産物原産地呼称保護等

※ SCOTは、開発の基本的な方向性を定めた文書だが、その施行のための予算と組織を持たない。

表2　メトロポール・ナントの都市計画マスタープラン。たとえば「土地利用の規制文書」の「建物高さ制限」だけで277頁あり、全体として非常に細かく規定されている
（出典：Nantes Métropole のPLUm(2019)をもとに筆者作成）

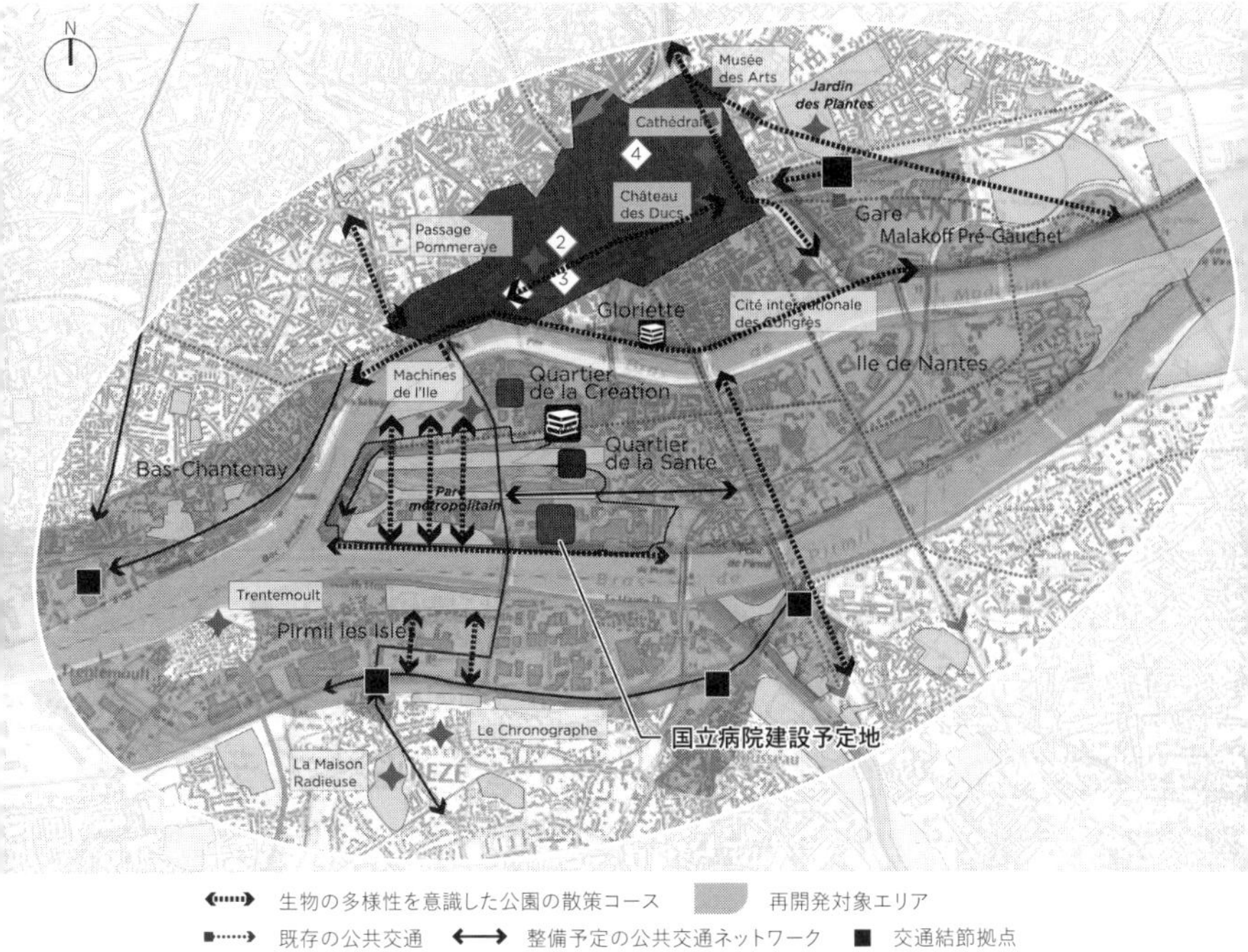

図3　メトロポール・ナントの都市計画マスタープランの「土地整備とそのプログラム化の方向性」に示されたナント中ノ島地区開発計画図。交通路線（公共交通）の現状と将来プランも必ず併記される（出典：Nantes Métropole の PLUm（2019）の図に筆者加筆）

たり、駐車場や建物正面のセットバック（土地の境界線から一定の間隔を確保し建物を建てる）、植栽に至るまで細かい条件をつけていると、担当者から聞いた。自治体によっては都市局のスタッフの4分の1の人員が、建築許可課に配置される。単なる行政的な許可を発行するだけでなく、マスタープラン全体を見据えて事業内容を審査する必要があるので、審査には全体的な視野が求められ、審査内容もテクニカルになってきている。それに対応して近年では審査チームの近代化・専門化が進み、法律・建築・交通・道路管理・環境問題など幅広い分野のスペシャリストを抱える。

5　3代のマスターアーバニストが実現したこと

ナント中ノ島の開発では、自治体が政策主体となり開発公社に事業を管轄させて、マスターアーバニストを10年ごとに改選・任命して、全体として整合性のある計画を進めている。最後に、3代のマスターアーバニストが率いる中ノ島開発の特徴をまとめる。

1　住宅政策

再開発エリアの新築建物には、社会のあらゆる階層の市民がアクセスできることが保障されている。中ノ島では33万㎡の住宅開発が見込まれているが、そのうち25%は必ず「社会住宅（Logement social）」とする。社会住宅とは、家賃に上限があり、一定の収入以下の所帯だけが入居可能な住宅や、国の援助を得て購入できる住居等を指し、フランス世帯数の15％に当たる約1千万人が入居している。フランスの全社会住宅の84％が、低家賃住宅（HLM：Habitation à loyer modéré）である。2019年現在、低家賃住宅は550万戸あり、社会住宅連合のレポート（2019年）によると、不動産家賃の高騰、単身世帯の増加、雇用が不安定なサービス業就業者の増加等の社会背景から、現在120万人が入居を待っている。

都市の連帯・再生法（3章参照）に定められた「3500人以上のコミューンでは年間に建築許可を与える新規供給住宅のうち、少なくとも社会住宅を20％供給する」という規定は、5章で述べた「連帯」の概念を強く表現している。20％という供給率は、2013年の通称デュフロー法（loi Duflot）で25％に引き上げられた。違反自治体にはペナルティが課せられるが、自治体が都市計画マスタープランに都市の高密度化や社会住宅供給の目標数値を表記して、具体的に努力している客観的な材料を示せば、25％を達成していなくてもペナルティは課せられない。一方、別荘からの固定資産税などで潤っている場合、地域の高級感を損なわないために、低中所得者層が入居する社会住宅を建てず、ペナルティの支払いを選択した自治体も存在する。現在でも社会住宅の供給が25％に達していない自治体も残っているが、低中所得者層にも住宅を供給する「弱者を切り捨てない」政策の実行が自治体に義務づけられているため、フランスでは総じて公団住宅の建設が計画されている。消費意欲が旺盛な子育て世代の30〜40代の住民が、都心および都心から近距離の地域に比較的廉価な住まいを獲得できることにつながった。

図4　集合住宅の駐車スペース規制。中心部（中央の白い部分）の歴史保存区域のアミ掛けエリアは1戸につき0.6台、その周りは0.8台、一番外側のエリアは1台と、郊外に向かうほど駐車スペースの許容度は高くなる。また公共交通の停留所から500m以内の社会住宅（高齢者、学生向け）では、1戸につき0.5台、一般住宅では1台のみ駐車スペースを許可
（出典：Nantes Métropole の PLUm(2019)）

2　経済発展

国立病院の誘致を見込んで、健康・衛生関連のビジネスを中心としたサービスや商業店舗エリアを18万5千㎡準備している。

3　利便性の向上

開発区域内において日常生活に必要な施設を充実させるために、7万㎡を保育園から高校までの学校施設、スポーツ施設などにあてる。アクセスしやすい行政施設や商業店舗も整備し、15分都市構想を目指している。

4　公共交通の促進

国立病院にアクセスしやすくするために、LRT2路線の延長が検討されており、ナント市と中ノ島全体をつないで利便性の向上を図る。マイカー利用を抑制するために、新築建物では1世帯に対して0・6台の駐車スペースしか認められない（図4）。300㎡以下の店舗に関しては、固有の駐車場の整備は認めない。各店舗の利用客が共同で利用できる駐車場を建設

左頁上･中：写真11　かつてのバナナ倉庫（上）は現在、カフェやレストランに転用されたり（下）、中ノ島開発広報センターとして活用されている（出典：上／©SAMOA、下／©chalffy）
左頁下：写真12　クレーン等の産業遺産を転用したレジャーゾーン（出典：©V.JACQUES/SAMOA）

CHAMBRE DE COMMERCE DE NANTES
HANGAR A PRIMEURS

予定だが、路上駐車による都市空間の占拠を避けるために、立体駐車場の建設が好ましいとしている。国立病院に関しては、1千台の駐車スペースを予定している。

5　産業遺産の保存

中ノ島の産業遺産は再開発の初期からうまく活用されてきた。たとえば、長さ150m、幅50m、高さ6・5mのかつてのバナナ倉庫は、住民との合意形成の場ともなる中ノ島開発広報センターや飲食施設として活用されてきた（写真11、16頁下写真）。同様に、再開発地区の最西端に残された巨大なクレーンも、今後周辺には高層ビルを建設せず、この場所の記憶を体現するランドマークとして大切にすることがマスタープランに明記されている（写真12）。

6　職住近接のライフスタイルを実現

ナント中ノ島は、自転車で移動できる非常に快適な地区であり、就労先が島の外部であっても、公共交通の利便性が高いので通勤時間は1時間以内に収まり、車を所有せずとも十分に暮らせる。計画的に開発してきたので、生活に必要な行政施設・幼稚園・小学校・商業施設・公園・医療機関などが、住宅地の近くに揃っている。開発初期から意図していたわけではないが、結果として「歩いて15分、あるいは自転車で5分以内で暮らせる都市」という15分都市構想にこの中ノ島は当ては

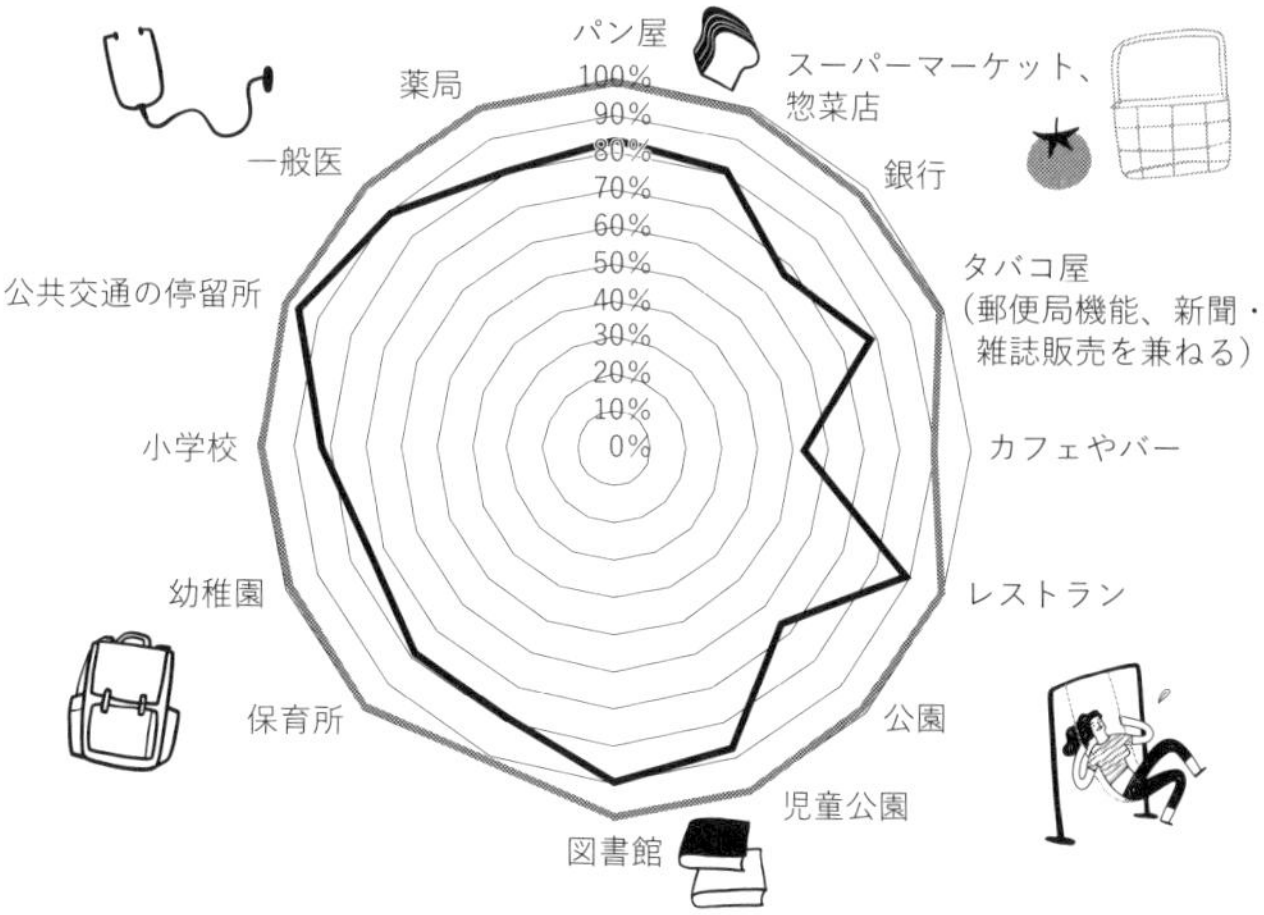

図5　ナントの15分都市の達成度。外側の薄いグレーの太線はナント市内、内側の濃いグレーの太線はナント市以外のメトロポール域内（出典：AURANの図に筆者加筆）

まり、メディアでも取り上げられた。

ナント都市計画機構★（AURAN）の調査によれば、中ノ島に限らず、約69万人のメトロポール・ナントの住民のうち4分の3が、徒歩15分圏内で生活に必要な施設にアクセスでき、都市密集度が高い。ナント都市計画機構では、生活に必要な施設を12のカテゴリーに分けており（図5）、その中に公共交通の停留所が含まれているのはフランスらしい。最近はスーパーマーケットでバゲットを購入する人も増えたが、焼きたてのバゲットを毎朝あるいは仕事帰りにパン屋で購入する習慣が残るフランスでは、地元のベーカリーの存在が欠かせない。ナント市内の住民の平均通勤距離は片道約3kmなので、住居に近いエリアで就労していることがわかる。国土交通省総合政策局のデータによれば、日本のマイカー通勤者の全国平均通勤距離は片道

10・5㎞である。

メトロポール・ナントで最も15分都市に近い都市構造は、ナント市の中心市街地の旧市街エリアと中ノ島地区で見られる。このように、かつては造船業を中心とした産業地区であった中ノ島が、今では水辺の豊かな自然に恵まれ、生活に必要な施設に徒歩でアクセスできる魅力的な居住地区になった。それは、持続可能な環境都市としてのモデルにもなりうる。中ノ島の再開発はこれからも続くが、一見関係がないように見える交通政策や文化政策と産業遺産地域の再開発計画が、環境という観点からうまく融合した。ナントは、今では環境・文化都市のイメージが定着したと言える。

＊1　フランスでは、1982年の交通基本法（通称LOTI）で、大型公共交通の導入の事後報告を事業主体である自治体に義務づけられ、LOTI報告書と呼ばれていた。

＊2　取締役会には必ず自治体を代表する1名が出席し、投票権の半分は自治体が持つ。職員は民間と自治体からの出向者もいるが、給与は出向先が負担し、必ずしも自治体に復職する契約ではない。企業会計が適用されるが、地方会計検査院の審査を受ける。

＊3　1980年代末に産業・インフラの遊休地活用に関する研究グループを設立し、2002年まで所長を務めた。180haのルーヴェン駅周辺地区の再整備のチーフプランナーとして、設計、契約当局への助言、公共・民間事業者との交渉、建築家との協力などを担当した。

＊4　Grand prix 2020 de l'Urbanisme de la Ministère du Transition écologique

FRENCH WALKABLE CITY

7章

アンジェ：人々を巻き込む河岸駐車場の歩行者空間化

本書のテーマはウォーカブルな都市空間の再編であり、要は道路空間の再配分である。最もセンシティブな案件は、車の進入規制や、車道や駐車場を歩行者空間や自転車道路に転用することに対する市民の合意を得ることではないだろうか。日本では、道路空間の再編について、市民の理解が得られにくいと聞く。たとえば、日曜の午後だけ車の通行を規制することも、合意形成が難航する。背景には、車の利用を規制すると訪問客が減って商業の妨げになるという考えがある。フランスではどのように市民の合意を形成しているのか、そのプロセスをアンジェ市の歩行者専用広場整備を事例に紹介する。

1 多様なステークホルダーとの合意形成を可能にする制度

制度化された合意形成のプロセス

フランスでは1980年代から、環境への影響の観点から事業の公益性の確認を行う公開審査制度が、そして都市計画の観点から計画策定や事業認定への市民の参画が、合意形成の主要なステップとして位置づけられてきた。主に環境法典と都市計画法典に条文を織り込みながら、合意形成のプロセスを図1のように整備してきた。現在では自治体が主体となり公共予算で行うすべてのプロ

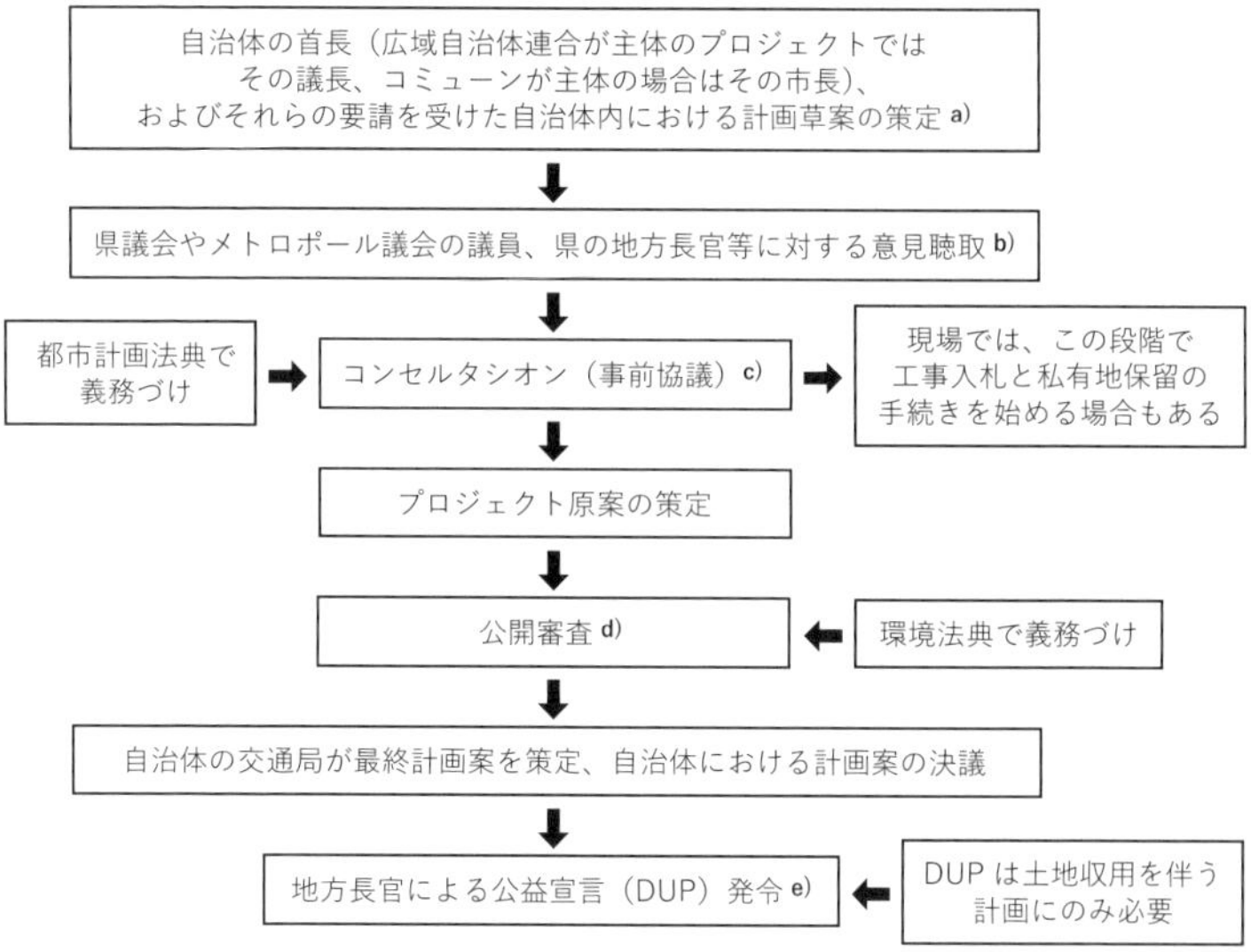
自治体の首長（広域自治体連合が主体のプロジェクトでは
その議長、コミューンが主体の場合はその市長）、
およびそれらの要請を受けた自治体内における計画草案の策定 a)
県議会やメトロポール議会の議員、県の地方長官等に対する意見聴取 b)
都市計画法典で
義務づけ
コンセルタシオン（事前協議）c)
現場では、この段階で
工事入札と私有地保留の
手続きを始める場合もある
プロジェクト原案の策定
公開審査 d)
環境法典で義務づけ
自治体の交通局が最終計画案を策定、自治体における計画案の決議
地方長官による公益宣言（DUP）発令 e)
DUP は土地収用を伴う
計画にのみ必要
図1　フランスの自治体における、都市計画策定の合意形成プロセス

ジェクトで、策定段階から市民の参加が可能である。都市政策に関わるすべてのステークホルダーたちが、目的意識を共有できる機会を提供する合意形成の活動には高い透明性が求められる。

自治体内部での合意形成

都市空間の再編の計画は自治体の首長、議会が策定し、自治体がその事業主体となる。新しいプロジェクトに対して、担当のモビリティ局や都市計画局が自治体の各部署間（財務局、法務局、広報局なども含む）と、インフラの内容や、入札手続きが必要な場合はその規則、工事中の交通管理、予算案などの検討を行い、他の都市計画との一貫性を確認する。自治体内部において、計画策定の当事者たちがあらゆる課題について、徹底した議論と検討を繰り返すことにより、共通した目的意識を持つに至る（図1のa）。この協議の過程は都市が抱えている課題を行政が県議会やメトロポール議会の議員等に説明し、その解決案を具体的に表明する機会にもなる。大規模な計画の場合には、警察、上位組織である県や州議員への意見聴取を行い、地方において国を代表する地方長官が国全体の政策や関連法律との整合性についてもチェックする（図1のb）。

これらのプロセスを経た後に、市民にプロジェクトを公開する「コンセルタシオン（Concertation）」（事前協議）に入る（図1のc）。つまり、市民に発表する際には、計画の概要はすでに自治体内で十分に検討されている。本書では、コンセルタシオンは合意形成のプロセスの一環としての事前協議の活動を指す。合意形成の活動全体は「パブリックインボルブメント（Implication du public）」と表現する。

情報開示を中心とする市民へのコンセルタシオン

計画の上流段階で市民を対象に行うコンセルタシオンを、自治体内で行う目的意識の共有（図1のa）と区別化するために、パブリックコンセルタシオンと呼ぶこともある。コンセルタシオンの目的は、「特定の開発・建設プロジェクトの計画や都市計画文書の作成において、できるだけ早い段階で住民、地域団体、その他の関係者を巻き込むことである」と法律（都市計画法典や環境法典）で明記している。住民には「知らなかった」とは言わせない徹底した情報公開を行う。また、コンセルタシオンを実施することで、計画の実現段階に入ってからの住民の反対活動を阻止できるとも言える。2016年の都市計画法典で、コンセルタシオンのレポートを次のステップの公開審査に添えることが規定されたので、丁寧に実施されたコンセルタシオンは審査委員会が不合理な結論を出すことの回避につながる。

専門家が公益性を確認する公開審査

自治体の管轄当局が主導するコンセルタシオンとは異なり、公開審査は行政裁判所が任命する建築家、市民、大学関係者などさまざまな専門家で構成された委員会が主導する（図1のd）。公開審査の目的は、委員会がプロジェクトに対する見解を述べ、市民に対してその公益性を証明することで、決してプロジェクトの内容を市民に伝えることではない。

公開審査期間中にも広く住民の意見を聴取する公聴会が開かれ、計画の詳細資料の閲覧、意見書の記入、質疑応答、意見交換が活発に行われる。公聴会における個々の発言者の氏名と発言内容は、議会で発表する公開審査委員会が作成する報告書に記載されるので、発言者もその発言内容に責任を持つ必要がある。なお、公開審査報告書には、審査経緯、プロジェクトの環境調査や経済的・社会的インパクト、他の都市計画との整合性、審査員による法律・社会・技術・経済・環境分野などからの見解も含まれる。環境法典の規則書に従い、結論として、プロジェクトに対する「賛成」、「保留付きで賛成」、「賛成ではない」か、委員会としての見解を明記する。

公開審査で「推奨できない」と判断されたパリ・ビーチ

1章で紹介したセーヌ川右岸のパリ・ビーチのプロジェクトは、2016年9月にパリ市議会で議決されたが、その後も議会の右派や民間団体などから反対意見があった。提訴を受けたパリ行政裁判所が、2018年2月にセーヌ河畔道路を歩行者空間化するためのパリ市政令「ジョルジュ・ポンピドー★大通りにおける車両進入禁止」を却下した。その上セーヌ河畔道路の歩行者専用空間化に対する公開審査委員会の見解が「推奨できない」と、2018年10月に発表された。そこでパリ市はセーヌ河畔道路空間の再配分に関して、交通や公害を減少する環境保護という観点からではなく、ユネスコの世界遺産に登録されたセーヌ河岸の歴史・文化遺産の保存という観点に変えて、再び公開審査を行った[*1]。

最終的には、2019年6月に行政裁判所の判決により、セーヌ河畔道路の歩行者専用空間化が決定された。行政裁判所は、「河畔付近の代替ルートが存在するので、このセーヌ河畔道路への車両進入禁止はパリ市における東西横断通行を不可能にするわけではなく、ただその移動時間が長くなるだけある」として、車両進入禁止政令に対する団体や個人の「取り消しの訴え」を却下した。

長い法廷闘争を経たこの判決後、パリ市は本格的にセーヌ河畔の車道を8haの公園に改修した。

パリ・ビーチが恒久化されるまでの経緯を見ると、「自治体が決定する計画に対して、市民が行政裁判所に提訴して反対できるプロセスが存在すること」「自治体の首長や議会が明確なビジョンで丁寧な説明のプロセスを経れば、目的を実現できること」が読みとれる。パリ・ビーチに対しては、2019年に社会行動科学を調査・研究するフランスのコンサルティング会社BVAグループが行った世論調査があり、63%の市民が賛成している。右岸に先立って歩行者専用空間化が行われた左岸のプロジェクトでは、公開審査委員会の評価は「推奨できる」であった。また主だった反対運動などもなかった。左岸・右岸の両岸において車の進入が禁止されるということで、右岸の時には反対運動が顕在化したのかもしれないが、合意形成は決して簡単ではないことがわかる。

2016年の通称マクロン法（4章参照）を受けて、住民参加のプロセスの近代化が図られ、特に環境や人の健康に影響を及ぼすプロジェクトや整備事業を対象に行う公開審査において、従来の公開審査委員会を通さず、市民が電子メールで参加する方法も認められるようになった。現在では公開審査は、計画案の議会による議決に先立つ、最後の市民との合意形成の場と考えられている。公開審査報告書は、当該プロジェクトの対象地となる自治体の庁舎窓口で1年間、一般閲覧が可能である。なお、CEREMAによれば、公開審査はすべての計画に義務づけられているわけではなく、たとえば、私有地の収用を必要としない開発事業では公開審査は免除される。その場合は、コンセルタシオンを経て、計画が議会で議決されると建設工事に着手できる。

土地収用を認める公益宣言の発令

公開審査の結果、法律への抵触などを確認する地方長官が、計画が公益に見合うと判断すれば、DUPと呼ばれる公益宣言（Déclaration d'Utilité Publique）を発令する（図1のe）。公益宣言は、公益事業の実現を目的として用地補償を伴う私有地の自治体への提供を義務づけるものである。内務省のガイドライン（2015年）では、公益宣言の発令により、自治体は公益事業実現を目的とした私有地取得と工事開始が可能になる。合意形成活動全体（事前調査段階での広報、議員等への意見聴取、コンセルタシオン、公開審査など）のコストは、計画の規模にもよるが、大型都市交通の整備計画の場合は事業費全体の10％前後が平均であると、フランスの自治体で聞いている。

このようにフランスでは都市計画策定の主体者は首長と議会、行政（市役所）であり、すべての開発・整備には計画が伴い（6章参照）、行政が責任をもって積極的に合意形成を実施している。一方、日本の都市計画では民間企業主体のプロジェクトが多く、行政は都市計画手続きのみ関与し、市民への説明会などは事業者が行う。そのため、フランスの合意形成の特徴である、プロジェクトの初期段階から、計画策定の全プロセスの情報を開示したり、パブリックミーティングを開くなど、市民参加の方法については、日本でも改善の余地があると思われる。次に、アンジェ市の事例で、市民参加のプロセスを具体的に紹介する。

2 市民に開かれた駐車場の広場転用プロセス

人口15万人（都市圏人口30万人）のアンジェ市は、フランスの週刊誌「エクスプレス」が毎年大きく発表する「住みやすい都市」ランキングで、2013、2014、2016、2018、2022年度に1位になった。187ある評価パラメーターは、住民1人あたりの緑地面積や自転車専用道路の距離などの環境評価から、失業率やニート率・住民の所得格差などの経済評価、平均寿命・病院施設の充実度などの健康評価まで多岐にわたる。アンジェ市は、公共ラジオFrance Infoによると、所得格差が少なく住民の所得水準が月2200ユーロ（約30万円）で、その人口構成がフランスの中小都市の平均像とされる（2019年3月）。

メンヌ河畔南側整備と駐車場転用プロジェクト

アンジェ市では、周辺の33コミューンと構成する広域自治体連合アンジェロワール・メトロポールが行う9・9㎞のLRT-B線導入に伴い（図2）、駐車場の撤廃を伴う歩行者専用広場の整備計画（図3）を2015年に発表し、22年までコンセルタシオン（図1のc）を行った。

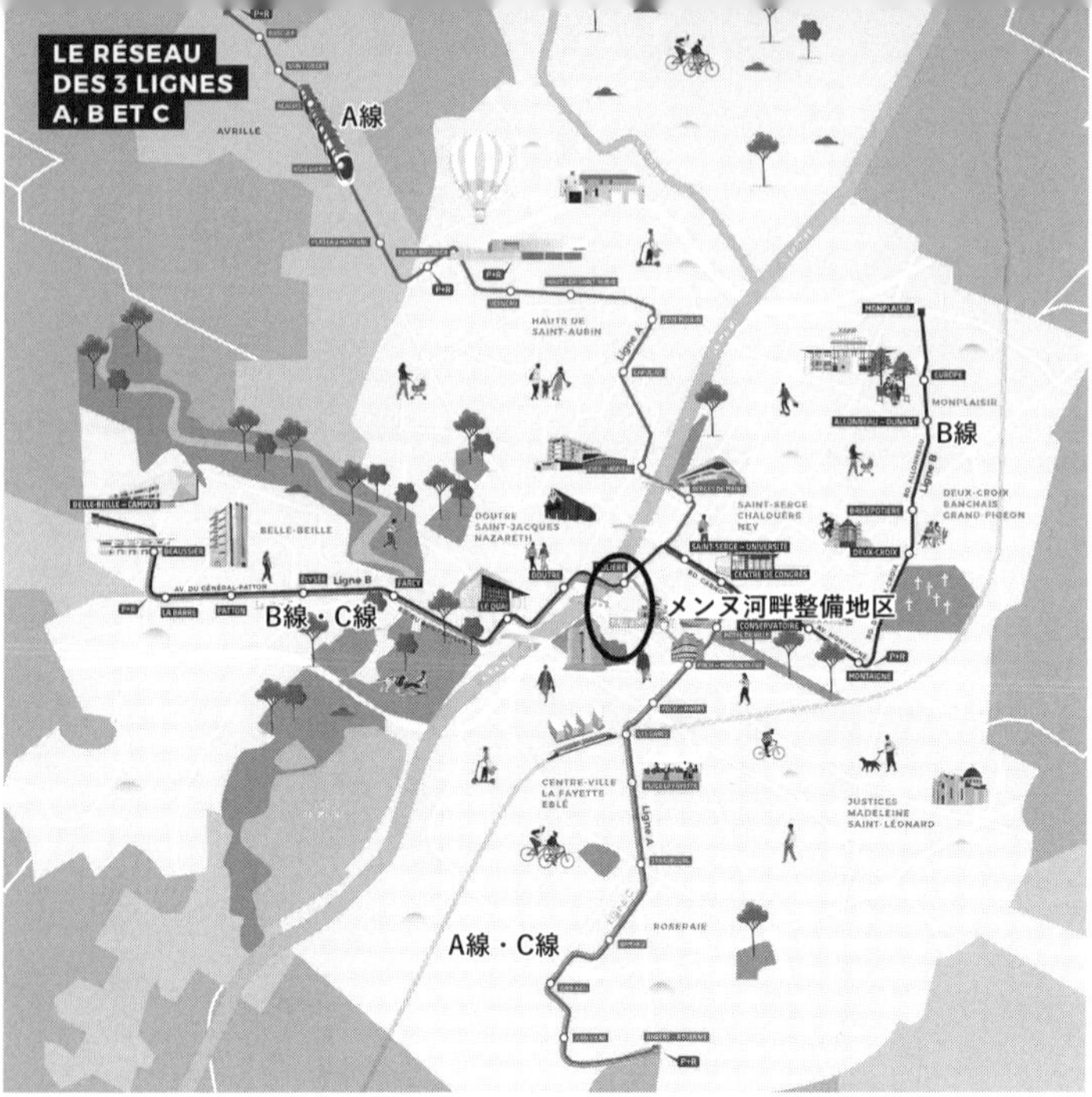
LE RÉSEAU
DES 3 LIGNES
A, B ET C
A線
B線
B線・C線
A線・C線
メンヌ河畔整備地区
Ligne A
Ligne B
HAUTS DE SAINT-AUBIN
BELLE-BEILLE
DOUTRE SAINT-JACQUES NAZARETH
SAINT-SERGE CHALOUÈRE NEY
MONPLAISIR
DEUX-CROIX BANCHAIS GRAND-PIGEON
CENTRE-VILLE LA FAYETTE EBLÉ
JUSTICES MADELEINE SAINT-LÉONARD
ROSERAIE
AVRILLÉ
BELLE-BEILLE – CAMPUS
AV. DU GÉNÉRAL PATTON
SAINT-SERGE – UNIVERSITÉ
CENTRE DE CONGRÈS
CONSERVATOIRE
MONTAIGNE
DEUX-CROIX
ALLONNEAU – DUNANT
EUROPE
MONPLAISIR

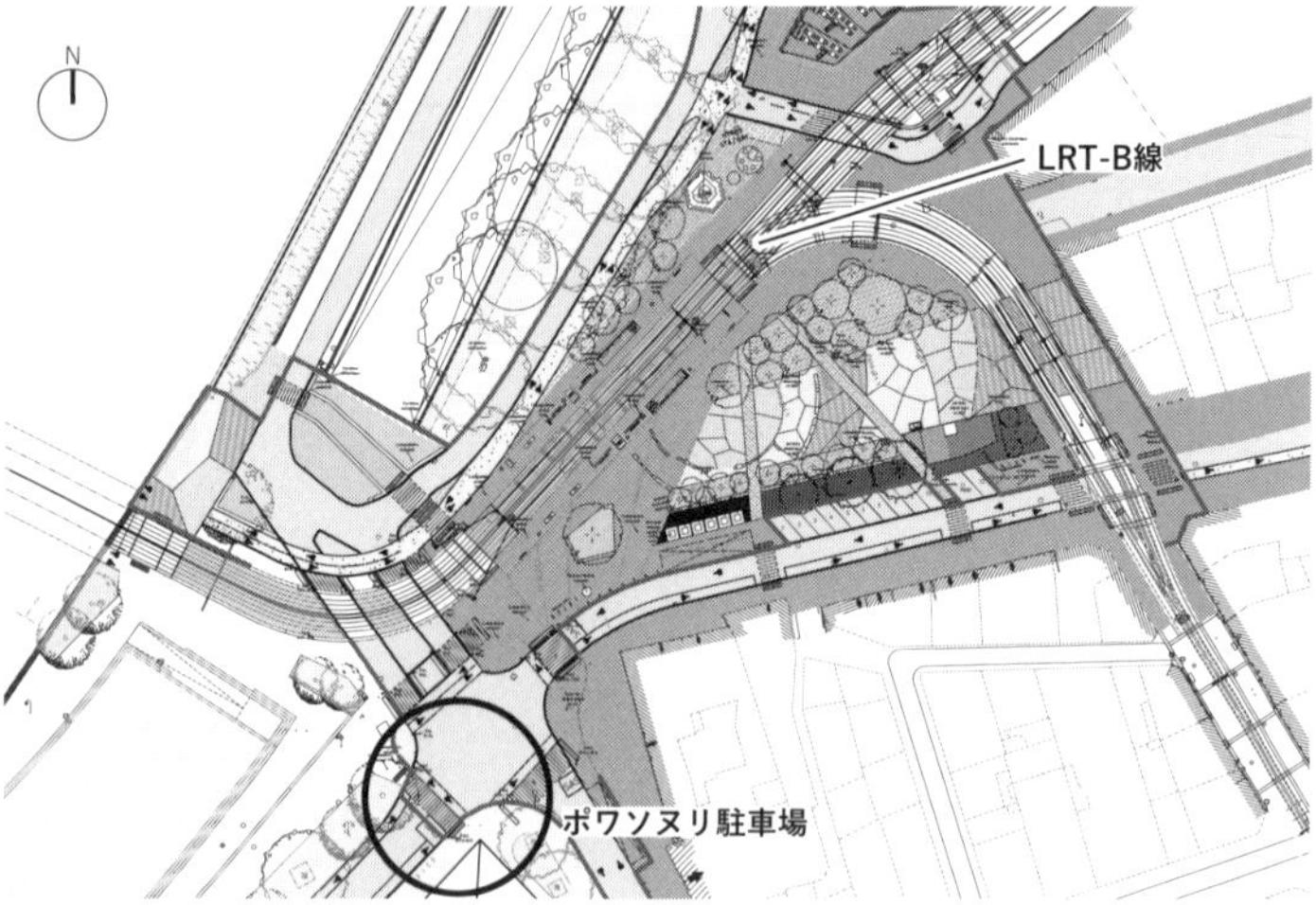
N
LRT-B線
ポワソヌリ駐車場

写真1　メンヌ川北側河岸で夏の夜に開かれたコンサート

アンジェ市中心部を流れるロワール川の支流メンヌ川の北側河岸は歩行者専用空間として、さまざまなイベントが行われる素晴らしい公共空間である（写真1）。それに対して南側河岸の大半は、車道と駐車場が占拠していた。そこで、アンジェ市はメンヌ河畔の南側地区にある半地下の道路に蓋をして河畔公園を創設し、185台を収容するポワソヌリ駐車場（写真2）を撤廃して、広大な歩行者専用空間に転用する計画を発表した。

計画初期の広報活動

2016年にメンヌ河畔公園整備計画策定の初期段階で、新しい都市空間活用のアイデアを住民に問うワークショップなど、さまざまな形式の双方向コミュニケーションの場が設けられた（表1）。参加者をテーマごとに12のグループに分け、

右頁上：図2　LRT-B線整備と新しい土地利用を適用するメンヌ河畔南側地区
（出典：Angers Loire Métropole）
右頁中：図3　新設されるLRT-B線とポワソヌリ駐車場の位置（出典：Angers Loire Métropole）
右頁下：写真2　撤廃されたポワソヌリ駐車場

実施日		主な活動	内容
2015 年	5 月 18 日	パブリックミーティング 市長と建築家が参加	市民に計画内容を発表する 1 回目の大規模な集会
	5 月 28 日 ～9 月 8 日	市役所および市街地でのプロジェクトを説明するポスターの掲示	9 月 8 日以降は映画館で掲示を継続
2016 年	3～4 月	市民への意見聴取 住民を中心に観光・文化・スポーツ関係者、商店主等が参加	メンヌ河畔の活用方法を考えるブレインストーミング式のワークショップ等を企画（写真 3）
	6 月 23 日	パブリックミーティング 市長と都市計画家が参加（写真 5）	300 名が参加
2017 年	4 月 25 日	パブリックミーティング 工事の近隣住民を対象	工事開始に伴う道路利用変更についての説明会
	5 月 2 日	工事開始	
2018 年	4 月 23 日	プロジェクトセンター（写真 4）を工事現場に設置	LRT-B 線工事の内容とメンヌ河畔整備プロジェクトを紹介
2019 年	6 月 29 日	メンヌ河畔公園の開園式（8 頁写真）	

表 1　メンヌ河畔公園完成までに実施された主なコンセルタシオン
（出典：Anjou Loire Territoire（ALTER）の資料をもとに筆者作成）

上：写真 3　メイン河畔整備地区の将来について市民がアイデアを提案しあうワークショップ
下：写真 4　LRT-B線計画や、路線が通過するメンヌ河畔地域全体の整備計画（駐車場の歩行者専用空間への転用、新スケートリンクやビジネスパークの建設等）がパネル等で詳細に展示されたプロジェクトセンター

図4　市民が計画完成時のイメージを具体的に描けるように、繰り返し利用された図。上が整備前で丸囲み部分が撤廃された駐車場、下は整備後のイメージ図（出典：ALTERの図に筆者加筆）

歩行者空間活用について市民がアイデアや意見を提案するワークショップに筆者も参加したが、ブレインストーミング風に参加者が自由にアイデアを提案し議論する場が形成されていた（写真3）。これは、幼少の頃から自分の考えを明確に発表する訓練をする国民性も関係しているだろう。*2

このほかにも、プロジェクトを説明するポスターが街中に展示されたり、各戸にパンフレットを配布したり、広報活動も活発に行われた。こうした広報活動においては、交通や土木の専門知識がない人たちにもプロジェクトを理解してもらえるように、なるべく専門用語を使わずに説明することが重要である（図4）。

アンジェ市のウェブサイトで計画の詳細な情報を開示し、地域ごとに開催されるパブリックミーティング（住民集会）では行政と住民との意見交換も行われた。行政側が企画する集会には概して計画に反対する者は出席するが、計画に賛成するサイレントマジョリティの参加が少ないため、集会の回数も減る傾向がある。アンジェ市では、2018年からはプロジェクトセンターに広報員を常置させて、計画に質問や疑問のある住民が自由に訪問できるようにした（写真4）。センターでは都市開発や交通計画の工事内容、そのスケジュールから予算、施工主までの詳細な情報をパネルで展示し、周知が徹底して行われている。

市長・市議・市職員・専門家が出席するパブリックミーティング

写真5　アンジェで2016年6月に開催されたパブリックミーティング。奥のステージで話すアンジェ市長、その隣に開発対象地域の都市デザインを統括する建築家

２０１６年６月に３００人が参加したパブリックミーティングは、就労者も参加しやすいように夕方18時から始まり21時まで開かれた（写真5）。まず市長が「どんな街にしたいのか？」と都市の未来像を市民に問い、市長自身が「地域開発全体の目的である新しい経済地区開発のためには、都市の密度を高めるコンパクトシティ構想が必要だ」「中心市街地ではより歩行者空間と緑地の存在感を高めることが必要であり、当該計画の意義もそこにある」「就労者・観光者・流通業者・自転車利用者のそれぞれの駐車場を再構成して、持続可能な都市づくりを目指す」といった都市のビジョンを語った。自動車問題だけでなく、水資源の保全、廃棄物処理、エネルギー節約、環境にやさしい建築資材を選択することまで市長の説明は続いた。

次に、都市計画を担当する当該地区選出の議員が、「現時点で中心市街地に来る市民の60％が自家用車で移動している現実を踏まえて、市内での駐車の過度な制限

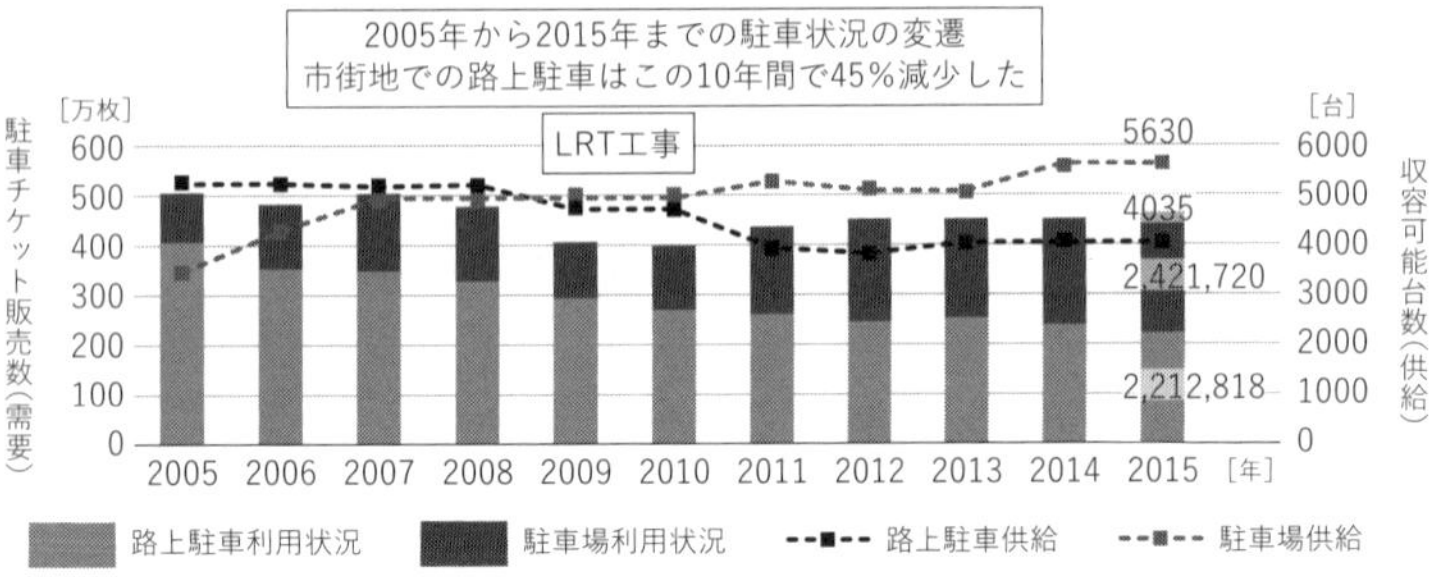

図５　アンジェの駐車状況の変遷（出典：Ville d'Angersの資料(2016年)をもとに筆者作成）

図６　再開発地域の駐車場の現状。丸囲み部分が撤廃対象となるポワソヌリ駐車場
（出典：Ville d'Angersの資料(2016年)に筆者加筆）

は郊外大型店舗への買い物客流出につながるので、市内での駐車スペースは現状維持の予定である」「郊外大型商業施設の無料駐車場に対応して、中心市街地の広場地下にある3カ所の駐車場（約3千台収容）で、最初の1時間の駐車無料化を2015年に市議会で決定した」「都心外縁部での公共駐車場を増やす予定は、現時点ではない」など、アンジェ市の駐車状況を説明した。基本的に道路上に整備された駐車スペースはすべて市の管轄下にあるので、市議会議員が説明を行っている。駐車関連業全国連盟（2章参照）によると、フランスの駐車場の約半数以上が公営である。

続いて、土地利用計画を担当する市職員と建築家のポール・グレテール氏★が、駐車場付近の詳しい状況を説明する。当該計画ではグレテール氏の事務所が、道路・緑地などを含む都市空間全体を対象とするデザインを統括している。アンジェ市では路上駐車場の需要が、2005〜15年で45％減少している状況を示し（図5）、整備対象地域の詳細な路上駐車場や立体駐車場を含むすべての駐車スペースの利用状況を紹介する（図6）。今後、路上駐車場に駐車できない車を、どのように周辺の駐車場に分散させることが可能か、街路図を見せながら細かい数字を挙げて以下のように説明した。

数字を根拠にした具体的な説明

■ 現状の説明

撤廃対象となるポワソヌリ駐車場の台数が185台、隣接する広場の駐車台数17台（そのうち12

空き台数 ＼ 収容可能台数	レパブリック駐車場 427 台	モリエール駐車場 417 台※	合計 839 台
空き台数（月平均の空き台数率は 57%）	241 台	237 台	478 台
混雑時の空き台数（土曜日 15 ～ 18 時）	34 台	244 台	278 台

※モリエール駐車場の収容台数（417 台）が、図 7 ～ 9 の数字（420 台）と異なるが、市がパブリックミーティングで発表した数字をそのまま掲載している

表 2　広場周辺の駐車場の利用状況（出典：ALTER の資料をもとに筆者作成）

台は2時間上限）、周辺の路上駐車台数198台（図7）。

■代替案の示唆

広場の北のモリエール屋内立体駐車場（420台収容）と、広場の南のレパブリック屋内立体駐車場（427台収容）には、常に合わせて200台以上の空きスペースがあり、駐車スペースの問題は生じないと説明する（表2）。広場からメンヌ川の対岸に向けて、LRTと歩行者、自転車のみが通行可能な架橋が新しく整備される。この橋から、対岸にある路上駐車場（900台収容）まで歩いて移動できる。その駐車場から徒歩5分で市街地に、あるいは撤廃されるポワソヌリ駐車場付近に整備される新しいLRTの停留所にアクセスできる、と説明する（図8）。

■整備後の姿

新しく整備される歩行者専用広場近辺で、路上駐車スペース48台分を新設する（図9）。ただし、28台の駐車上限は2時間とし、周辺路上駐車台数198台に変更はない。

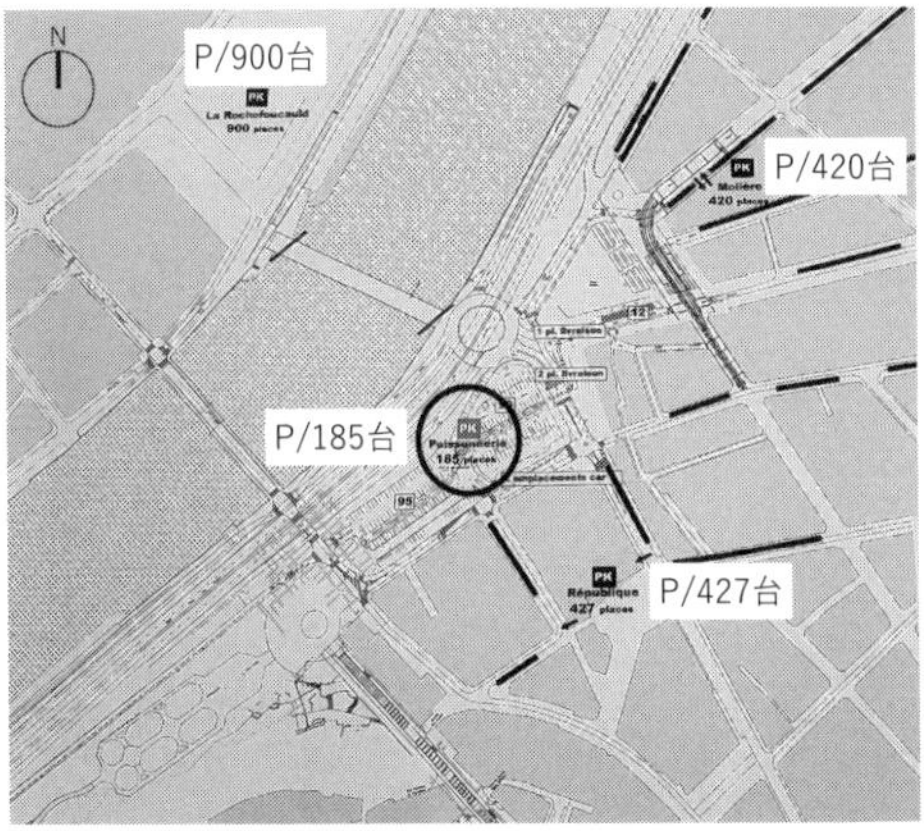

図7　アンジェの中心市街地の駐車場の現状。中央に185台収容の撤廃対象のポワソヌリ駐車場。路上の太線は路上駐車スペース（198台収容）、右上に420台収容のモリエール屋内立体駐車場、右下に427台収容のレパブリック屋内立体駐車場

（出典：ALTERの図に筆者加筆）

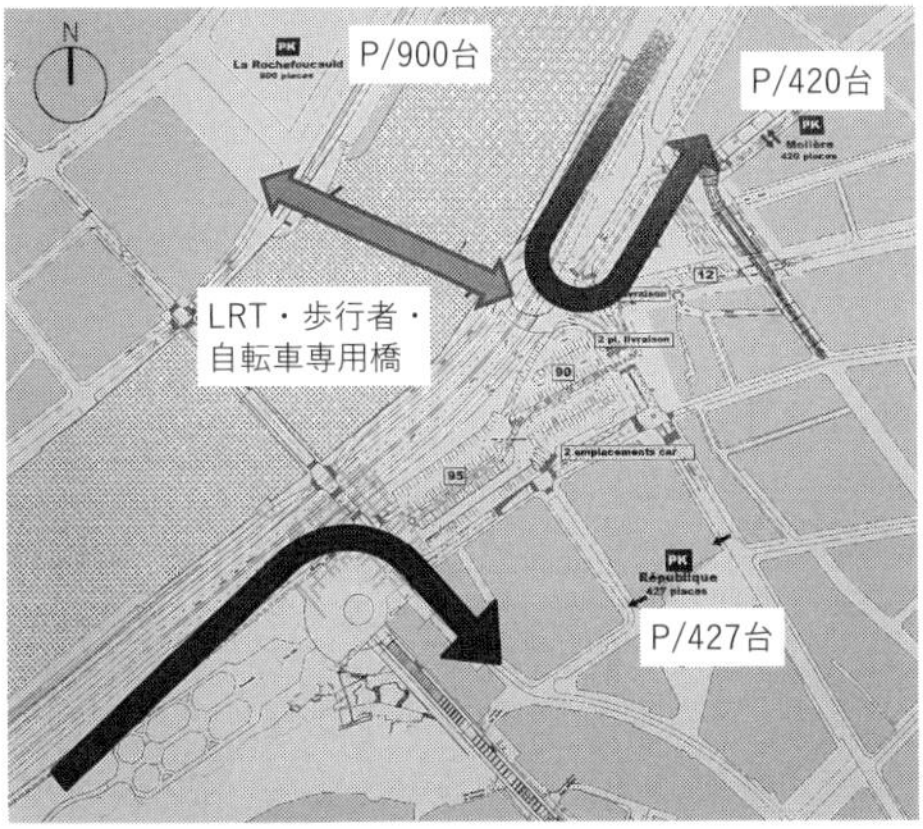

図8　駐車場の代替案。新しく架橋される橋の対岸側には、すでに900台収容可能の大型路上駐車場が存在する

（出典：ALTERの図に筆者加筆）

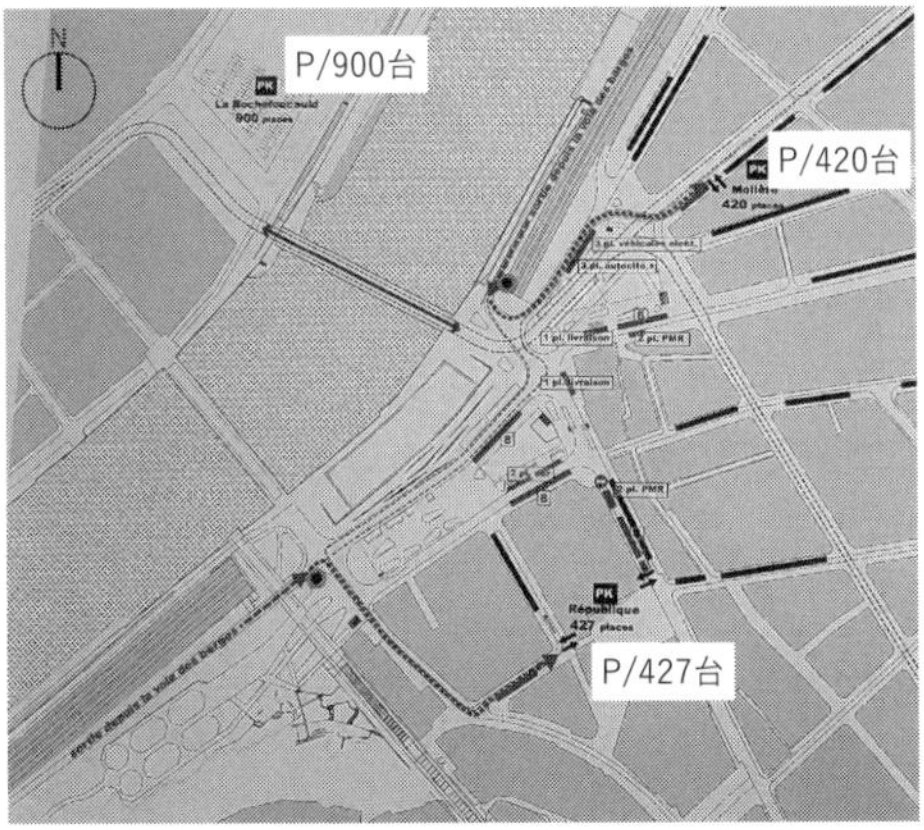

図9　広場整備後の交通迂回案。路上の薄いグレーの太線は新しく整備される特別路上駐車スペース（48台収容、障害者用や電気自動車専用等）。路上の濃いグレーの太線は既存の路上駐車スペース（198台収容）

（出典：ALTERの図に筆者加筆）

工事終了後も続く合意形成

このパブリックミーティングで説明対象となったのは、市が経営する駐車場のみなので「公益宣言」は不要である。また、駐車場を転用する広場は歴史遺産エリアにあり、ヘリテージ法典(Code du Patrimoine)に基づき事業許可を獲得したので、公開審査も必要とされない。よって、この事業に関してはコンセルタシオンのステップ後、合意形成活動は終わる。コンセルタシオンの中では、パブリックミーティングが最も大きな比重を占めるとはいえ、このように市長、市議会議員と市の職員が公共資産の現状や将来の展望を、市民に対して丁寧に説明していたのは印象的であった。

その後、駐車場は撤廃され、メンヌ河畔南側の広大な緑地を持つ河畔公園も2019年6月に完成した(8頁写真)。元駐車場は歩行者空間に転用され、新しいＬＲＴの停留所モリエール駅も整備中である。再整備工事前はモリエール広場で、有機栽培の野菜・果物のマルシェが開かれていた。1階が1千㎡、2階が400㎡の2階建の木造フードパークが、2023年完成予定である。メンヌ河畔地区はまだ整備途上であり、プロムナードツアーを開催したり、プロジェクトセンターの展示内容を更新するなど、市民へのコミュニケーション活動は継続されている。

パブリックミーティングで気づいたこと

第一に、道路交通や駐車問題を、都市空間の再編プロジェクトの一環として説明している。全体の都市構想を紹介してから、開発計画の一部として「駐車場から広場への転用計画」の目的を伝えることを徹底している。広い視野でまず都市の課題を市長が語り、専門家が域内全体の駐車政策を説明してから、コンセルタシオン対象地区の話に入り、参加する市民が利己的な観点から意見を述べるのを封じているとも言える。

第二に、具体的な数値を挙げて議論する。市民のすべての質問に対してできる限り回答する、あるいはその質問について充分な討議を行う。たとえ個人の日常生活に密着した些細な内容でも、市長・議員・行政職員たちは実に丁寧に質問に答えている。1日の仕事を終えて、市民・市長・議員・市職員らが一堂に会し、終了予定時間が過ぎても、質問が途絶えるまで集会は続く。集会の運営者は、計画そのものへの賛成・反対を問わず、「これから都市はどうあるべきか、その未来像」に関する共通の問題意識を共有する姿勢を、市民側にも持たせるように議論を展開している。

第三に、市民に説明する内容を細分化し、市長・議員・市職員・建築家・マスターアーバニスト（6章参照）たちは、各自の専門領域のマターを、自分で準備した資料を駆使して自身の言葉で語っている。

第四は、市民に対する市長の真摯な姿勢である。最終的な政策決定の責任者である市長が計画内容を細部まで把握しており、非常に真摯に市民と向きあっている。1時間以上の質疑応答の時間が設けられ、「なぜ、道路交通量を減らすのか?」「なぜ駐車場を広場に転用するのか?」などの質問に対して、「できる限り街中の通過交通を減らして、景観の向上や車による汚染の減少を目指します」「中心市街地の駐車場により簡単にアクセスできるようにします」などと、これら一切の回答を資料などを見ずに市長は自分の言葉で答えていた。

3 フランスの合意形成の特徴と意義

フランスではコロナ禍にもかかわらず、都市交通網の延伸、改善計画が多くの都市で見られた。交通インフラの整備とともに都市空間の再編も行うので、道路空間の再配分、駐車場の撤廃、新築建物などすべての事業が合意形成の対象となる。そのためフランスの自治体では現在も、常に各地で合意形成活動が続行中である。本項では合意形成活動の特徴とその意義、今後の課題を見たい。ここでは公開討論全国委員会★(CNDP)が行う、高速道路整備などの大規模な事業計画に対する合意形成である「公開討論」は対象としていない。

合意形成プロセスと事業認可の関わり

大型都市開発や交通インフラ整備事業では、自治体が政策主体で、合理的な意思決定がなされる。土地収用を必要とする事業では、地方長官が事業認可である公益宣言を与えるので、計画の責任の所在が明確である。計画策定の過程では、公開審査により、第三者によるチェック機能が設けられている。公益性の高い都市計画の対象用地には、公益宣言発令により自治体に先買権が認められているので、計画に伴う土地投機は阻止される。たとえば、「LRT路線の導入計画に公益宣言が発令されると、沿線の地権者は役所に買い取りの相談に来る」と、筆者は実際にアンジェ市LRT沿線の自治体職員から聞いた。公益宣言の対象エリアにおける土地利用は都市計画マスタープラン(6章参照)で規定されており、開発を見越した地価の高騰も少なく、民間地に対する適正価格での補償額の設定が可能である。公益宣言の対象外の周辺土地において、民間が新しい開発に投資する場合には、自治体の建築許可(6章参照)が必要なので、マスタープランで自治体が規定したゾーニングに沿った開発が実行される。

また合意形成には、柔軟な政策変更の可能性がある。現在まだ工事中であるアンジェロワール・メトロポールが行うLRT-B線導入工事に関する公開審査報告書(2016年)では、新しい植林本数に関しての保留付き見解が出された。自治体はその保留内容に対応する措置をとり、議会でその対処法と結果を報告する義務が生じる。つまり、計画が「好ましい」ものであることを妨げる

写真6　アンジェのLRT-B線の工事現場で、工事に携わるチームメンバーを顔写真付きで紹介するパネル。写真右はプロジェクト責任者でLRT-A線工事からミッショントラム局の代表を務めたマリー・ピエール・トリシェ★氏。日本では地方公務員が顔出しで、工事現場のパネルに登場することはないだろう。これも自治体の仕事の「見せる化」である

保留要素を取り除く義務が、自治体に課される。住民から聴取した意見を元に、該当地区の議員と担当行政で変更が必要であると判断した場合は、計画の該当部分を練り直し、行政が最終的な計画案を策定し議会での最終承認にかける、というレジリエンスに満ちたプロセスが制度化されている。

合意形成において何が重視されているか

自治体は、徹底した情報開示とプロセスの透明化で、仕事の見える化を行っている（写真6）。「いつどこに行けば、どのような情報が入手できるか」「計画についての説明を聞けるどのような機会が設定されているか」など、市民が合意形成に参加する方法をうまく市民に伝える必要がある。たとえば、合意形成活動のカレンダーや活動のプロセスをわかりやすく説明するパンフレットを各戸に配布したり、市のウェブサイトなどで積極的に公開している。その際、自治体は具体的な数値を挙げて、わかりやすく市民に説明できるツールやビジュアルを使い

広報媒体を効果的に使用している。

また自治体は、誰に情報を伝えるかを重視している。市民啓発のためにタクシー運転手や商店主、アソシアシオンと呼ばれるNPO団体など日頃市民と交流機会の多い主体に対して、自治体が資料提供やパブリックミーティングを通して、正確な計画内容を伝えている。実際、筆者は自治体職員が新事業のパンフレットを朝市で直接市民に配布したり、新しい整備エリアに赴き、商店街の店舗で人の動きなどについてヒアリングを行っている姿も見てきた。自治体は当初、パブリックミーティングや公聴会の開催を、外部機関に委託するケースが多かった。しかしこの30年間にそのノウハウを自治体内部で蓄積するに至り、専門スタッフも育ち、現在では多くの自治体が自身で合意形成の全体プロセスを企画・運営するようになり、自主性を確保してきたことを複数の自治体で確認した。

首長が合意形成に果たす役割

政策主体である自治体の首長、議員と自治体職員の協働体制が一般に整っているようだ。パブリックミーティングや公聴会では必ず、地区選出の議員と自治体職員がペアで出席する。具体的な数字を伴う技術的な質問には自治体職員が答え、それ以外の質問には議員が対応する。議員と自治体職員の協働体制が、合意形成の場における市民への対応にも体現されている。

首長は合意形成活動や当該計画に対して積極的に関与している。最終的な政策決定の責任者である首長が計画内容を細部まで把握し、市民と真摯に向きあっている姿から、合意形成のプロセスが実際に政治や行政に浸透して機能していることが見てとれる。都市計画が成功するには、首長のコミットメントが鍵を握っており、積極的に合意形成活動、特にパブリックミーティングや公聴会に参加する首長の存在が欠かせないと言える。日本でも、富山市や宇都宮市の交通を包括する都市政策や、姫路市の駅前再整備など、都市計画へのコミットメントが高い首長のいる自治体で、新しい政策が実現されていることと共通している。

本章で取り上げたアンジェ市の市長クリストフ・ベシュ氏★は、2014年から市長を務めていたが、フランスではディジョン（4章参照）に次ぐ全市統合型のスマートシティの実装も進めており、進取の気質に富み、都市の未来像の明確な構想を持つ。市長就任前の2009〜11年に欧州議会議員、2011〜17年に日本の参議院にあたるフランス上院の議員を務めた。2022年7月の内閣改造では、運輸局を含む巨大官庁のエコロジー移行省の大臣に抜擢された。大臣職の傍ら、現在はアンジェ市の筆頭副市長職を兼任している。しかし、フランスでは地方都市の市長が国政に参加することは、決して珍しいことではなく、アンジェ市だけが特に都市計画や合意形成に熱心なわけでもない。市民が地方議会議員になり都市政策に関与する機会も多く、合意形成を実施する自治体と市民の距離が近いことも、合意形成を日常的なものとしている。*3

フランスにおける合意形成の意義

第一に、自治体が主体となり公共予算で行うすべてのプロジェクトの透明性が確保されている。計画に関心を持つ市民は詳細な情報を入手し、計画の各段階での合意形成の場に参加が可能で、市民目線でのチェック機能も働く。合意形成の場では、プロジェクトに対して現実に即した具体的な意見が寄せられ、計画者にとって大きな参考となる。コンセルタシオンにおいては、公開審査のように委員を介在させず、直接計画の主体者と市民が意見交換ができ、計画策定の初期の段階で潜在的な課題を検討できる貴重な機会を、政策主体側と市民の双方に提供している。

第二に、合意形成は、都市政策に関わる自治体内のすべてのステークホルダーたちが、目的意識を共有できる機会を提供している。合意形成の全過程を通じて、計画策定の当事者たちがあらゆる課題を洗い出して、徹底した議論と検討を繰り返すことにより、共通した目的意識を持つに至る。

第三に、合意形成は市民の市政への積極的な参加意識を高めることに寄与している。フランスの自治体も決して、すべての市民の意見を聞き、全員が合意する施策を策定することが合意形成の目的だとは考えていない。合意形成の機会を通してより多くの市民が参加することにより、自分の居住地の利益や便宜性だけでなく、都市全体の将来の姿やグランドデザインを考える機会につながる、と期待している。実際に、パブリックミーティングの初めは参加者が自分の意見を述べているが、首長や自治体職員による都市のビジョンについての全体的な説明を受けるにしたがって、自分とは異なる意見やプランの目的を理解しようと努めるようになる市民の姿を筆者は見てきた。このように合意形成のプロセスに参加すれば、市民は直近の日常生活における問題だけでなく、それぞれが「どのような都市に住みたいのか?」「どのような都市をつくってゆきたいのか?」を考え、居住する自治体の都市政策により関心を抱くようになる。自分の利益だけでなく、地域全体の成長について次世代への責任を伴った議論ができ民意の成熟につながることが、合意形成の大きな意義の一つである。

市議会においてコンセルタシオンや公開審査の報告書が承認され、私有地収用がある場合は公益宣言が発令され、計画への予算が市議会で認められる時点で、合意形成は達成したと見なされる。その後、市民の声を反映した政策の変更や見直しもあるので、合意形成の本来の意味である市民参画も守られていると考える。

合意形成の今後の課題

フランスでは国民のほとんどが都市計画というものが何かを知っており、市長選挙で都市計画が争点になる場合も少なくない。各政党がどのような都市をつくりたいかというビジョンをはっきりと語るフランスの統一地方選挙では、投票率も高い。フランスのコミューンの首長および議員選挙では、通常は最低でも60%、時には80%近い投票率があった。2020年6月に行われた統一地方

写真7　アンジェの都市開発の展示会に、週末、家族連れで訪れる市民。この展示会では、都市開発エリアにおける新築建物のデザイン案について投票できる。会場には子供たちの遊ぶスペースも設けられている

選挙では新型コロナの影響か、投票率は41・6％という歴史的に低い数値であったが、それでも市民は都市の将来像に高い関心を抱いていると言える。

本章で記述した都市計画における市民参加の姿は、自治体の大小を問わずフランス各地で見られ、夜間のパブリックミーティングに熱心に参加している市民も多い。数値化はできないが、週末には家族で都市政策を説明する広報センターを訪問したり、新しい都市開発プロジェクトを紹介する自治体の催しに積極的に参加する姿を、フランスに30年間居住する筆者も実際に確認しており（写真7）、一般的にフランス国民は都市計画に対する関心も高く、合意形成への参画に熱心であると言える。

しかし、パブリックミーティングなどに参加できるのは時間の余裕がある市民に限られ、情報も専門化されている側面もある。各戸に配布されるパンフレットには現場の地図・写真が多用され、専門用語の定義も説明してあり理解しやすいが、公開審査委員会での閲覧用の膨大な資料などは、都市計画の専門知識がなくては読解が困難である。公聴会やパブリックミーティングには、「高

学歴の年金生活者で白人の男性が多くを占める」と、自治体の合意形成担当者から聞く。実際に筆者が参加した数々の集会でも、比較的中高年の住民が目立った。どの程度実社会の市民の声を反映しているかを、自治体の担当職員も意識しており、ストラスブール市が企画した街歩きを伴う集会や、アンジェ市のプロジェクトセンター（写真4）のように、子供連れで訪れやすい情報発信の場をつくる試みも見られる。また、近年のインターネットの活用は、プロジェクトの近隣市民だけでなく、地理的により広範な市民が、公聴会が実施するアンケートなどに参加することを可能にしている。

このようにフランスにおいて都市開発事業計画における合意形成が、システマティックに整備され、実行されてきたのは、国民に対して常に自分で考え批判精神を持つように指導する教育理念もその背景にあるのかもしれない。一方、合意形成活動では一貫して自治体が責任ある姿勢を見せ、首長や議員自らが求める都市のビジョンを市民に問う姿には、地方自治のあり方の本質を見ることができる。

＊1　当時の担当者ザビエ・ジャンク氏★（現在は大型整備プロジェクト課長）へのインタビュー（2022年9月）より。
＊2　ヴァンソン藤井由実・宇都宮浄人『フランスの地方都市にはなぜシャッター通りがないのか』学芸出版社、2016年
＊3　ヴァンソン藤井由実『フランスではなぜ子育て世代が地方に移住するのか』学芸出版社、2019年

FRENCH WALKABLE CITY

終章

フランスで主流になった「穏やかな街」

1 道路空間を共有するという発想が出発点

近年のフランスでは、「モビリティを包括した都市空間の再編」に代わり、「抑制した車走行（circulation apaisée）」や「穏やかになった街（villes apaisées）」という表現を、自治体の都市政策担当者からよく聞き、文献でも頻繁に見られる（図1）。中心市街地への移動に必要な公共交通をこの30年間で整備し多様な移動手段も整ってきた今、最後に残った大きな課題は、やはり車との共存である。

欧米と日本の道路交通施策を比較して決定的に異なるのは、道路空間の再配分、空間を共有するという発想である。フランスでは道路空間はすべての市民のものだという認識がいきわたっており、信号や横断歩道がない道路を歩行者が渡ろうとした時でも車は止まってくれる。海外からの旅行者は、日本では雑踏の中でも、人と人が衝突せずにお互いに配慮しながらスムーズに移動することに驚く。それが道路空間になると、車が覇権を握っているように感じるのは筆者だけだろうか。

フランスの「穏やかになった街」という概念は、車が走行する騒音から解放された街を意味する。そこには都市を車に適応させるという発想から脱却した、公共空間を都市生活に適応させる試みがある。あらゆる交通手段が共存し、道路空間の共有化を向上させる。歩行者、自動車、自転車はもちろん、子供、移動に不自由のある人や高齢者など、それぞれの利用者が安全かつ楽しく移動

図１　メトロポール・ナントの道路空間再配分ガイドライン「穏やかになった街（La ville apaisée）」。表紙には、「まず地域のプロジェクトから」と記載されている（出典：Nantes Métropole）

できるようにすることで、街路は交通空間ではなく、生活空間として認識されるという概念を表すのが「穏やかになった街」である。単に車の音がしない静かな街、という意味ではない。そこにいると、居心地が良かったり、ただ通り過ぎるだけでなく歩きたくなったり、安全だと感じられるようになる、そんな街を取り戻すことを意図している。だから「穏やかになった街」の創造には、交通安全の問題を超えた、多様なまちづくりの課題の解決が目指されている。

2　都市を車に適応させるプランニングからの脱却

フランスでも自動車交通を優先する時代が長く続き、１９７１年、ポンピドー大統領が「都市は車に適応させなければいけない」と語った。計画性の乏しい開発、アドホックでセクター別で都市全体で整合性がとれていない開発が行われ、都市の風景は損なわれた。郊外に行くと、国道沿いに大型店が並ぶ風景が今でも見られる。

1980年代から、大気汚染・騒音・渋滞・交通事故などの自動車交通が引き起こす弊害が大きくなり、都市と車の優先順位を転換する試みが行われてきた。1990年代から、フランスの各都市では歩行者を優先した街路に再編するとともに、自動車に代わる輸送手段としてLRTやBRTなどの公共交通を整備しながら、自転車専用道路の整備、自動車の速度制限などの政策を複合的に進めてきた。安全で快適で美しい公共空間を整備し、中心市街地の道路は、歩行者と公共交通機関のみが通行できる「トランジットモール」（14頁下、15頁上写真）として整備され、ウォーカブルな政策によって中心市街地は再生された[*1]。

2000年以降、フランスの各都市は競って都市空間の再編に取り組んできた。道路空間の再配分、駐車政策の見直し、車が走行していた広場の歩行者専用空間への転用、植栽や緑地の整備など、総合的に都市空間の利用を見直してきた。これらの動きはコロナ禍を経て一層加速している。

3 穏やかな街を実現するステップとメリット

フランスでよく言われるようになった「穏やかになった街」を実現するために最もアプローチし

やすい施策が、自動車の速度制限（ゾーン30や20）や、公共空間における歩行者専用空間の整備である。それを実施するためには、それぞれの街路や広場について日常的に利用される用途を明らかにし、利用者のニーズに応えることが必要だ。公共空間は生活の場であり、人々の社会的なつながりを構築する重要な役割を担う。そこで優先されるのは、経済活動か、文化体験か、子供が遊べることなのか等を考慮し、こうした多様な都市機能を可能にすることは、その公共空間の質を保証するために避けては通れない。

公共空間の境界となる建築要素の検討も必要であろう。ゾーン30や歩行者専用空間の境界処理、周辺の建物へのアクセス等も考慮に入れなければならない。公共空間の快適性や安全性、バリアフリーへの対応は、その質を左右する重要な要素となる。街路灯やベンチなどのアーバンファーニチャーの配置は、特に歩行者の快適性に寄与する。空間のレイアウトにおいては、使いやすさとシンプルさを優先させる。

さらに街を穏やかにするための具体的な施策として各都市が取り入れているのは、街路の植栽の存在感を強化することである（写真1）。最近は駅構内にまで植栽を施す都市が見られるようになった（写真2）。何よりも安全対策が最重要で、特に滑りにくい舗道の素材の選択にも工夫が必要だ。歩行者や自転車が滑らないように、落葉しない常緑樹が植栽されている道路をよく見かける。歩行者と車両が衝突する可能性のある場所は特に注意し、車が交差点近辺で駐車しないようにするなどすべての利用者の視界を確保する必要がある。

上：写真１　アンジェの街路を彩る植栽
下：写真２　解放感あふれるマルセイユ中央駅構内の植栽。日本の駅では売店は多いが、緑や座れる空間が少ない

では、街が穏やかになると、どのようなメリットがあるのだろうか。第一に、スピードの緩和は、都市や商業の活性化を促進する。住民が道路空間を利用しやすくなるので、商業店舗にとっては、自転車利用者や歩行者の方が店舗へ入りやすくなる。児童や住民にはより確かな安全性が確保される。第二に、環境保護に貢献できる。自治体は温室効果ガス排出量を抑制するためにも、徒歩や自転車による移動手段を推奨している。第三に、自動車のドライバーにとっても時速30㎞での走行は時速50㎞より燃費を抑えることができる。こうしたメリットについて、市民と共有していくことも大切である。そのためにはまず、市民を巻き込んで楽しみながら道路の使い方を学べるイベント等を通じて行動変容を促すような仕掛けも必要だろう。さらに、速度制限等を導入した後は、事後評価をしっかり行い調整を重ねていくことも重要である。パリやアンジェの事例を紹介したように、速度測定によってスピード違反の多い道路を特定し、事故のデータを取って分析した上で、システムの検証や追加対策を実施する必要があるだろう。

4 自分たちの住みたい都市を実現するために

フランス人はどのような都市に住みたいのか？

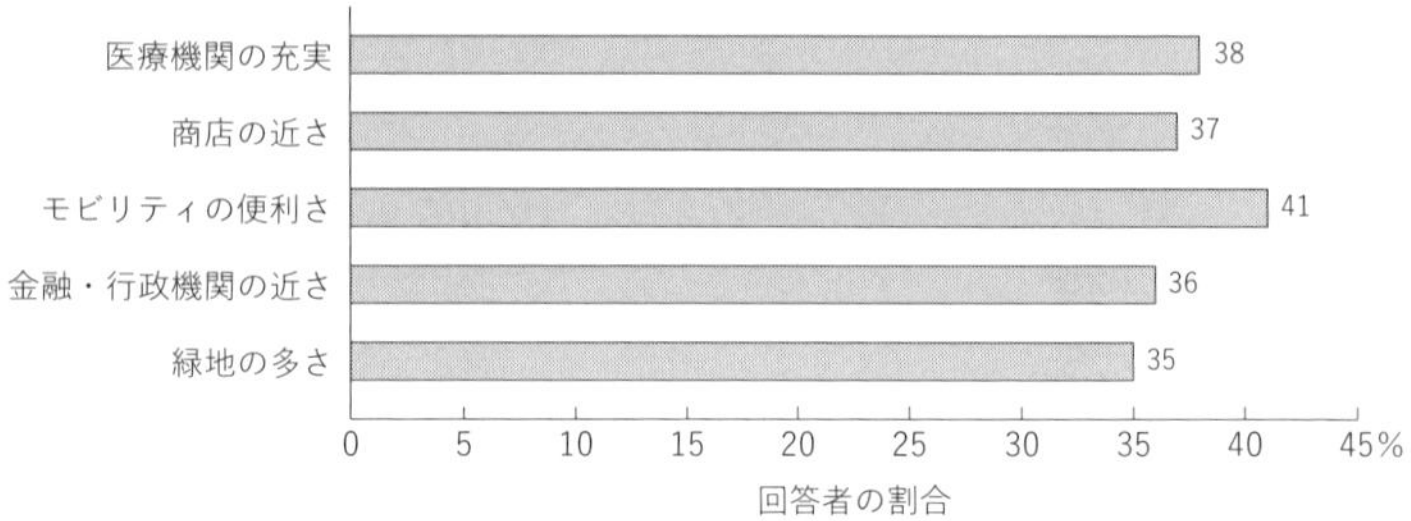

図2　フランス人が住みやすいと考える都市の条件（複数回答可）
（出典：le Monde の記事をもとに筆者作成、原出典：IFOP）

なぜ、ウォーカブルな街に人が集まるのだろうか。フランスの高級日刊紙「ル・モンド」（2021年2月21日）が掲載した、フランス世論研究所（IFOP）が調査した結果[*2]によると、「フランス人にとって住みやすい都市の条件」は、医療機関の充実、商店の近さ、モビリティの便利さ、金融・行政機関の近さ、緑地の多さである（図2）。モビリティ（移動のしやすさ）が大きな位置を占めていることに注目したい。

INSEEの発表では、1980年代から徐々に経済圏規模60万人前後の地方都市やその郊外で人口が増加してきた。フランスはパリ首都圏に人口の約5分の1が居住する一極集中国家ではあるが、近年はパリ首都圏では転入者より転出者が多く、中央から地方に人口が移動している。特に2000年代後半より、不動産価格の高いパリ首都圏やメトロポールと呼ばれる大都市圏から、その通勤可能圏域内にある中小都市やさらに農村部への移住の傾向がより顕著になった。[*3]特にコロナ後は「都市流出」のニュースが頻繁に報じられる。

フランス世論研究所の調査では、子育て時代の30代から40代の

「都市流出」願望が顕著で、特に中都市（人口15万人前後の自治体）の人気が高い。この規模の都市には、自然と近接し、住宅も大都市に比べて広く、通勤時間も短く、治安と静寂が守られ、生活費も手頃である。中都市は、田舎の癒しも大都市の刺激もない都市ではなく、生活の質と最低限のサービスを提供するバランスのとれた居住地としての魅力が整っており、ウォーカブルで移動しやすいこともその魅力を高める一因となっていると思われる。

包括的かつ迅速に都市政策を実装するために

道路と交通行政の管轄者であるフランスの自治体は、歩行者空間の整備だけでなく、公共交通、ＭａａＳ、環境保護や福祉なども包括してウォーカブルな都市づくりを実施している。こうした都市政策が首長や議会のリーダーシップで信じられないようなスピードで実装されている。

都市政策の迅速な実装には、まず政治家の強いリーダーシップ（自治体の決定と実行）が必要である。本書で紹介したパリ、ナント、アンジェ、ストラスブール、ディジョン、ラ・ロシェルなどの首長は、都市に対する明確なビジョンを持っている。

次に行政では、縦割りではなく、「交通」「街路」「建築」「デザイン」などの分野を横断する包括的な都市政策を実行してきた。都市デザインの中に交通工学を組み込み、街にオープンスペースや歩行空間、公共交通路線、自動車や自転車道路の全体を統合的に設計し、革新的で美しく、市民が住んでみたいと感じる新しい都市づくりが行われている。

一方、「車が少なく人で賑わう中心市街地」を実現してみせることで、市民も「次世代に残したい持続可能な街」のイメージを把握しやすくなった。ウォーカブルシティの実現には、職住近接で環境にやさしい社会や、高齢者も子供も移動しやすい都市を求めるという、住民と都市政策の策定者の間で価値観の共有が不可欠だ。だから、市民との関わり方においては合意形成を充実させ、市民がすぐにそのメリットを理解できるように、空間改善による生活環境の向上を低コストで実施して見せることも必要である。そのためには、市民の行動変容を支援するツールと啓蒙活動も必要であり、完成した公共空間の評価とその見直し作業も求められる。そして、市民も自分たちの暮らしを良くするために、都市という公けの器に対して関心を持ち、どのようにまちづくりに参加できるのか、問うてみなければならない。

最後に、フランスの街はこの30年で確かに穏やかになったが、何もせずに「穏やかになった」のではなく、首長・議会・行政・民間企業・市民が一体となって「穏やかにした」結果であることを伝えたい。

＊1　Cédric Feriel, L'invention du centre-ville européen, Histoire urbaine 2015/1(n° 42), 2015

＊2　フランス世論研究所（ＩＦＯＰ：Institut français d'opinion publique）のアンケート結果。ＩＦＯＰは１９３８年に設立された、フランス最古の世論調査・マーケティングリサーチ会社で、この分野の主要企業の一つである。

＊3　ヴァンソン藤井由実『フランスではなぜ子育て世代が地方に移住するのか』学芸出版社、２０１９年

文中に出てくる固有名詞の原語表記

はじめに

国立統計経済研究所　INSEE：Institut national de la statistique et des études économiques

1章

カルロス・モレノ	Carlos Moreno
アンヌ・イダルゴ	Anne Hidalgo
ラ・ヴァレンヌ・サン・ティレール	La Varenne-Saint-Hilaire
フィリップ・マチュ	Philippe Mathieux
ジャック・ヴェルジェリ	Jacques Vergely
芸術の高架橋	Viaduc des arts
ダヴィッド・ベリアール	David Belliard
ビアンフザンス通り	Rue de la Bienfaisance
パスツール大通り	Boulevard Pasteur
トリスタン・ギユー	Tristan Guilloux
モントルゲイユ地区	Quartier Montorgueil
レオミュール通り	Rue Réaumur
プティキャロー通り	Rue des Petits Carreaux

2章

アルフレッド・ペーター	Alfred Peter
フォスター&パートナーズ	Foster + Partners
ミシェル・デヴィーニュ	Michel Desvigne
ジャウメ・プレンサ	Jaume Plensa
プロムナード・デ・パイヨン	Promenade du Paillon
ラ・ロシェル市	La Rochelle
ミシェル・クレポー	Michel Crépeau
デュペレ河岸通り	Quai Duperré

フランス防災・環境・モビリティ・都市整備専門研究所

CEREMA：Centre d'Études et d'Expertise sur les Risques, l'Environnement, la Mobilité et l'Aménagement

緑の党	EELV：Europe Ecologie Les Verts
駐車関連業全国連盟	FNMS：Fédération Nationale des Métiers du Stationnement
モンソロー村	Monsoreau
シェーブル通り	Rue Chèvre

3章

ジャンバティスト・ジャバリ	Jean-Baptiste Djebbari

4章

チャルマース工科大学	Chalmers University of Technology
国際輸送フォーラム	International Transport Forum
フランソワ・ラブサメン	François Rebsamen
ドゥニ・アモー	Denis Hameau
アンジェロワール ・ メトロポール	Angers Loire Métropole

5章

アントニー・ベルトロー	Anthony Berthelot
モリナリ経済研究所	Institut Economique Molinari
エステール・デュフロ	Esther Duflot

6章

ロイヤル広場	Place Royal
ジャン・マルク・エロー	Jean Marc Ayrault
ジョアンナ・ローラン	Johanna Rolland
サン・ナゼール	Saint Nazaire
アレクサンドル・ケメトフ	Alexandre Chemetoff
ウエストフランス	Ouest France
マルセル・スメット	Marcel Smet
ルーヴェン・カトリック大学	Katholieke Universiteit Leuven
ジャクリーヌ・オスティ	Jacqueline Osty
クレール・ショーター	Claire Schorter
ローラン・テリー	Laurent Théry
ナント都市計画機構	AURAN：Agence d'urbanisme de la région nantaise

7章

ジョルジュ・ポンピドー大通り	Voie George Pompidou
ザビエ ・ ジャンク	Xavier Janc
ポール・グレテール	Paul Grether
公開討論全国委員会	CNDP：Commission Nationale du Débat Politique
マリー ・ ピエール ・ トリシェ	Marie Pierre Trichet
クリストフ・ベシュ	Christophe Béchu

主な参考図書

・Ariella Masboungi et al., Ville et voiture, Parenthèses, 2015
・David Lestoux, Revitaliser son cœur de ville, Territorial Éditions, 2016
・Eric Charmes, La revanche des villages, Seuil, 2019
・Xavier Desjardins et al., Villes petites et moyennes et aménagement territorial, Collection Réflexion en partage, 2019
・原田昇『交通まちづくり』鹿島出版会、２０１５年
・藤井聡ほか『モビリティをマネジメントする』学芸出版社、２０１５年
・馬場正尊ほか『CREATIVE LOCAL』学芸出版社、２０１７年
・日高洋祐ほか『ＭａａＳ　モビリティ革命の先にある全産業のゲームチェンジ』日経ＢＰ社、２０１８年
・出口敦ほか『ストリートデザイン・マネジメント』学芸出版社、２０１９年
・中島健祐『デンマークのスマートシティ』学芸出版社、２０１９年
・宇都宮浄人『地域公共交通の統合的政策』東洋経済新報社、２０２０年
・ジャネット・サディク＝カーンほか『ストリートファイト』学芸出版社、２０２０年
・中島直人ほか『コンパクトシティのアーバニズム』東京大学出版会、２０２０年
・家田仁・小嶋光信『地域モビリティの再構築』薫風社、２０２１年
・泉山塁威ほか『タクティカル・アーバニズム』学芸出版社、２０２１年
・牧村和彦『ＭａａＳが都市を変える』学芸出版社、２０２１年
・三重野真代＋交通エコロジー・モビリティ財団『グリーンスローモビリティ』学芸出版社、２０２１年
・石田東生ほか『ウェルビーイングを実現するスマートモビリティ』学芸出版社、２０２２年
・宇都宮浄人・多田実『まちづくりの統計学』学芸出版社、２０２２年
・宇都宮浄人ほか『持続可能な都市モビリティ計画の策定と実施のためのガイドライン　第2版』地域公共交通総合研究所、２０２２年
・ジェフ・スペック『ウォーカブルシティ入門』学芸出版社、２０２２年
・中村文彦ほか『図解ポケット　ＭａａＳがよくわかる本』秀和システム、２０２２年

（学術論文、フランス省庁、研究機関のウェブサイトなどは省略）

おわりに

日本でも各地でウォーカブルな都市空間がつくられるようになった。それぞれの都市でさまざまな工夫を凝らした歩行者優先空間が創出され、今後も増えるだろう。しかし、こうしたウォーカブルな都市空間は期間限定だったり社会実験として行われるものも多く、それに関わるエリアマネジメント団体等の中間組織の持続性も万全とは言えないかもしれない。

人間中心の「歩きたくなる街」を実現するためには、歩行者空間や交通環境の整備といった技術論だけでなく、どのような都市をつくるのかといったビジョンや、何のためにウォーカブルを推進するのかといった目的を、事業推進者と市民が共有することが大切だ。

本書を手にとって下さった皆さんが、車社会にもかかわらず、ウォーカブルな都市づくりに邁進しているフランスの実情を知っていただき、日本の現場で採用できそうな部分は参考にしていただければ幸いである。海外で生活すると、安全・清潔・便利な日本の都市のありがたさがよくわかる。また歴史と文化の多様性に富んだ街の風景は海外からの訪問者を驚かせる。世界に類まれなる高機能な都市をつくりあげてきた日本だからこそできる都市空間が創造されることを願ってやまない。

筆者の行う調査・研究活動において、長年にわたって多くの方から多大なご協力をいただいている。特に本書の執筆に関しては以下の方々から貴重なご指導やご協力をいただいた（所属機関の五十音順で、役職は省略して記載させていただきます)。東智徳副市長はじめ宇都宮市役所の皆様、熊本和夫議長はじめ宇都宮市議会議員の皆様、中尾正俊様はじめ宇都宮ライトレールの皆様、運輸総合研究所の三重野真代先生・矢内直子様、OECD日本政府代表部の石井翔様、櫻井紀彦様、大阪公立大学の嘉名光市先生・阿久井康平先生・吉田長裕先生、カジノ管理委員会事務局の古曳郁美様、関西大学の宇都宮浄人先生、京都大学の藤井聡先生・山口敬太先生、鎌田聡様・石附弘様はじめ国際交通安全学会の皆様、交通経済研究所の村井健太郎様・伊藤美保様、計量計画研究所の牧村和彦先生、国土交通省都市局の今佐和子様、聖母女学院経営企画室の村尾俊道様、中央大学の原田昇先生、筑波大学の石田東生先生・谷口守先生、長大社会基盤事業本部の見明孝徳様、東京大学の中村文彦先生・伊藤昌毅先生・出口敦先生、東京工業大学の真田純子先生、都市再生機構の川崎周太郎様、徳島大学の山中英生先生、土木学会および都市計画学会の学会誌編集部の皆様、富山大学の中川大先生・本田豊先生・金山洋一先生、日本交通計画協会の三浦清洋様・荒木真子様、日本大使館(在フランス)の阿倍康次次席公使および安井弘樹様、野村知宏所長はじめパリ自治体国際化協会の皆様、民間都市開発推進機構の渡邉浩司様、立命館大学の岡井有佳先生、早稲田大学の森本章倫先生、そのご発言を本書で引用させていただいた前富山市長の森雅志様にこの場をお借りして心からの謝意を表明させていただきたい。

本書の執筆にあたって、パリ、アンジェ、ナント、ディジョンをはじめとする多くの都市の行政機構や議会から貴重な資料や写真を提供していただき、またITF(国際交通フォーラム)のフィリップ・クリスト氏共々、数々のインタビューに応じていただいた。また、本書の執筆をご提案いただき、本の構成段階からきめ細かくアドバイスいただいた学芸出版社の宮本裕美氏と森國洋行氏に心から御礼を申し上げます。宮本氏には「モビリティの再編なくして都市空間の再編はない」という持論を読者に伝えたいという意向をご理解いただいた上で、モビリティ政策と都市計画が絶妙に共存する本に仕上げていただき、編集者のマジックを見るようでした。本書が、モビリティの関係者が都市計画に、また都市計画の関係者がモビリティにより関心を持っていただけるきっかけとなれば、本当に嬉しく思います。最後に、5冊目となる本書の執筆を見守ってくれた家族にも感謝したい。

ヴァンソン藤井由実

2023年4月

©The Yomiuri Shimbun

ヴァンソン藤井由実（VINCENT-FUJII Yumi）

Fujii Intercultural 社代表。フランス都市政策研究者。大阪府出身。大阪外国語大学（現・大阪大学）フランス語科卒業。フランス国民教育省の「外国人への仏語教諭資格」を取得し、パリを中心に 1980 年代より欧州で通訳として活動。2003 年からフランス政府労働局公認の社員教育講師として、民間企業や公的機関で「日仏異文化マネジメント研修」を企画。現在はフランスにおける公共交通を導入した都市計画、モビリティと都市空間の再編成、地方活性化などのテーマで調査・執筆を行う。著書に『ストラスブールのまちづくり』（2011 年／ 2012 年度土木学会出版文化賞）、『フランスではなぜ子育て世代が地方に移住するのか』（2019 年）、共著に『フランスの地方都市にはなぜシャッター通りがないのか』（2016 年）。翻訳監修書に『ほんとうのフランスがわかる本』（2011 年／在日フランス大使館推薦書）。フランス在住。http://www.fujii.fr/

フランスのウォーカブルシティ
歩きたくなる都市のデザイン

2023 年 5 月 20 日　初版第 1 刷発行

著者　ヴァンソン藤井由実

発行所　株式会社 学芸出版社
〒600-8216　京都市下京区木津屋橋通西洞院東入
電話 075-343-0811　info@gakugei-pub.jp
発行者　井口夏実
編集　宮本裕美・森國洋行
装丁　藤田康平（Barber）
DTP　梁川智子
印刷・製本　モリモト印刷

ISBN978-4-7615-2854-6

フランスではなぜ子育て世代が地方に移住するのか
小さな自治体に学ぶ生き残り戦略

ヴァンソン藤井由実 著　定価 2300 円＋税

首都圏への人口流出から地方回帰の時代へ移行したフランス。その背景には、田舎の魅力的な環境と生活に最低限必要な市街地機能を守り、移住する若者の新しい価値観と生き方を支援する政策、小規模町村間の広域連携と各地の中核となる元気な地方都市の存在があった。取材とインタビューで読みとく、元気な田舎ができるしくみ。

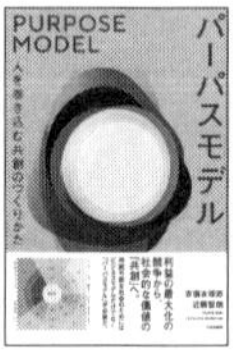

パーパスモデル　人を巻き込む共創のつくりかた

吉備友理恵・近藤哲朗 著　定価 2300 円＋税

プロジェクトの現場で、多様な人を巻き込みたい／みんなを動機づける目的を立てたい／活動を成長させたい時に使えるツール「パーパスモデル」。国内外の共創事例をこのモデルで分析し、利益拡大の競争から、社会的な価値の共創への転換を解説。共創とは何か？どのように共創するか？共創で何ができるか？に答える待望の書。

北欧のスマートシティ
テクノロジーを活用したウェルビーイングな都市づくり

安岡美佳・ユリアン 森江 原 ニールセン 著　定価 2700 円＋税

北欧の人々は理想の生活を追求し、知恵を持ち寄り、テクノロジーを活用して新しいしくみを次々に実験する。オープンデータ、電子政府、リビングラボ、グリーンモビリティ、クリーンテック、ヘルステック等を実装し、多様なプレイヤーが共創する、サステイナブルな経済と環境をいかに実現するか、世界が羨む辺境の実践に学ぶ。

北欧のパブリックスペース
街のアクティビティを豊かにするデザイン

小泉隆・ディビッド シム 著　定価 3300 円＋税

北欧のパブリックスペースは、自然環境に配慮し、個人の自由に寛容で、人間中心の包括的な発想でデザインされる。本書は、ストリート、自転車道、広場、庭園、水辺、ビーチ、サウナ、屋上、遊び場の 55 事例を多数の写真・図面で紹介。人はどんな場所でどのように過ごしたいのか、アクティビティが生まれる都市空間を読み解く。

MaaS が都市を変える　移動×都市 DX の最前線

牧村和彦 著　定価 2300 円＋税

多様な移動を快適化する MaaS。その成功には、都市空間のアップデート、交通手段の連携、ビッグデータの活用が欠かせない。パンデミック以降、感染を防ぐ移動サービスのデジタル化、人間中心の街路再編によるグリーン・リカバリーが加速。世界で躍動する移動×都市 DX の最前線から、スマートシティの実装をデザインする。